楽しい調べ学習シリーズ

日本にしかいない生き物図鑑

固有種の進化と生態がわかる！

[監修] 今泉忠明

PHP

はじめに

　日本には野生のライオンやアフリカゾウはいません。テレビなどを見ていると、外国にすむチーターやゴリラ、キリンなど、すばらしい野生の大型動物が登場しますが、それに比べると、日本の動物は地味な動物ばかりです。有名なものではイリオモテヤマネコ、かわいらしいのはニホンヤマネやシマリス、猛獣といってもヒグマ、ツキノワグマぐらいです。

　でも、がっかりしてはいけません。つまらないと思うのは、認識不足というものです。日本の生き物をながめると、種類がとても多いだけでなく、日本にだけすんでいる固有種と呼ばれるものがたくさんいるのです。そのわけは本書を読むとわかりますが、簡単にいえば、日本列島が100万年以上前から2万年ほど前までの間に、大陸と何度もつながったり、切りはなされたりをくり返してきたからです。つながるたびに大陸の北から寒冷な気候に適応した動物が、南から暖かい気候に適応した動物が、日本列島にわたってきたのです。ですから、種類がより多くなっていったのです。南北の動物が日本列島で生き残ることができたのは、日本が南北に長く、

多様で豊かな森があったからです。日本列島が島になったおかげで、大陸で進化した動物がわたってこられず、古い原始的な動物が生き残ることができたのです。

日本列島の生き物をよく見ると、世界のどこにもいない種類がいるかと思うと、アジア大陸にすんでいるものとよく似た種類のものもいます。似ている生き物どうしを比べると、どうも日本の生き物のほうが少し小さく、体の色などが地味なことがわかります。どうやら動物は、原始的なもののほうが小さくて地味で、進化すると大きくて派手になるようなのです。日本にすんでいる動物が地味な理由がわかりますね。

この本には、日本にしかいない固有種が登場しますが、こんなにたくさんいるのかとおどろくにちがいありません。そして、その動物たちが大切な種であるということもわかると思います。この本を読み終えるころには、日本列島には地味であっても世界にほこれる動物がたくさんいるのだ、と思えることでしょう。

今泉　忠明

目次

はじめに ……………………………… 2
この本の使い方 ……………………… 6

第1部 日本には固有の生き物がいっぱい

固有種が多い日本の野生動物
多様な生き物がつながりあう地球 ……………………… 8
豊かな自然に育まれた日本固有種 ……………………… 8
代表的な日本固有種 ……………………………………… 9

日本に固有種が多いわけ
固有種が生まれる地域の特徴 …………………………… 10
日本列島の成り立ち（地史）との関係 ………………… 10
大陸から日本列島への道 ………………………………… 11
分布の境界線 ……………………………………………… 13
気候との関係 ……………………………………………… 14
地形や植生との関係 ……………………………………… 15

固有種を守ろう！
絶滅が心配される日本固有種 …………………………… 16
絶滅の原因と私たちにできること ……………………… 16

第2部 日本固有の生き物を見てみよう

北海道〜九州にすむ固有種

- ニホンヤマネ …………… 18
- ニホンカモシカ ………… 20
- ニホンイタチ …………… 22
- ムササビ ………………… 24
- ニホンノウサギ ………… 26
- ニホンザル ……………… 28
- オオサンショウウオ …… 30
- ニホンリス ……………… 32
- ニホンモモンガ ………… 33
- シントウトガリネズミ … 34
- アズマモグラ …………… 35
- カヤクグリ ……………… 36
- モリアオガエル ………… 37
- ミヤコタナゴ …………… 38
- ギフチョウ ……………… 39
- ヤマドリ ………………… 40
- ビワコオオナマズ ……… 40
- モリアブラコウモリ …… 41
- アオゲラ ………………… 41
- アオダイショウ ………… 41
- ムカシトンボ …………… 41

南西諸島にすむ固有種

- イリオモテヤマネコ …………… 42
- アマミノクロウサギ …………… 44
- ハブ ……………………………… 46
- ヤンバルテナガコガネ ………… 48
- ヤンバルクイナ ………………… 50
- ノグチゲラ ……………………… 51
- ルリカケス ……………………… 52
- アカヒゲ ………………………… 52
- サキシマカナヘビ ……………… 52
- ミヤコヒメヘビ ………………… 52
- イシガキトカゲ ………………… 53
- リュウキュウヤマガメ ………… 53
- ナミエガエル …………………… 53
- ハナサキガエル ………………… 53

小笠原諸島にすむ固有種

- オガサワラオオコウモリ ………… 54
- メグロ ……………………………… 56
- 陸産貝類 …………………………… 58
- オガサワライトトンボ …………… 60
- オガサワラトンボ ………………… 60
- シマアカネ ………………………… 60
- ハナダカトンボ …………………… 60
- オガサワラシジミ ………………… 61
- オガサワラクマバチ ……………… 61
- オガサワラセスジゲンゴロウ …… 61

さくいん ………………………… 62

この本の使い方

この本では、日本にしかすんでいない生き物（日本固有種）の代表的なものについてくわしくしょうかいしています。
第1部では、日本固有種の概要や日本に固有種が多い理由などを説明しています。
第2部では、それぞれの種の形態や生態の特徴、固有種になるに至ったいきさつなどを説明しています。

マーク
仲間ごとに分けています。

ほ乳類／鳥類／は虫類／両生類／魚類／昆虫類／その他

データ
その種の基本的な情報を掲載しています。学術的な分類や体の大きさ、分布している地域、特記事項などをしょうかいしています。

- 分類の目名の（　）は文部科学省「学術用語集 動物学編」（1988年増訂版）によるもの。分類については近年のDNA解明により見直されているものもある。
- 体重はほ乳類のみ掲載。
- 国の天然記念物および国内希少野生動植物種は2014年7月現在のもの、環境省レッドリストは第4次（2012年）のものを掲載。

あらまし
その種の固有性や特徴などを総合的に説明しています。

形態・生態など
姿形や大きさなどの特徴、活動の様子、繁殖の様子などをくわしく説明しています。

分布
生息域などを示しています。

コラム
その種に関係する話題や情報などをしょうかいしています。

第1部

日本には固有の生き物がいっぱい

固有種が多い日本の野生動物

多様な生き物がつながりあう地球

　地球上には、数えきれないくらいの生き物が生息しています。その数は、確認されているだけでも約175万種、推定では約3000万種をこえるのではないかといわれています。これは、生命が誕生してから約40億年という長い歴史の中で、樹木が枝分かれするように種が多様化し、さまざまな生き物が誕生した結果です。

　こうした多様な生き物がつながりあい、バランスをとりながら存在していることを「生物多様性」といいます。

豊かな自然に育まれた日本固有種

　日本は、豊かな自然にめぐまれていることから、生物多様性に富んだ国として世界的に知られています。およそ38万km²というせまい国土面積にもかかわらず、生き物の種はかなり多く、すでに確認されている種だけで9万種以上、まだ分類されていないものをふくめると30万種以上といわれています。

　また、日本にしかいない「日本固有種」の割合が非常に高いことでも有名です。「固有種」とは、特定の地域に限って生育する動植物の種のことで、「特産種」とも呼ばれます。全種数や繁殖種数の中で固有種がしめる割合は、ほ乳類が約22％、鳥類が約8％、は虫類が約38％、両生類が約74％にのぼります。これは、同じ島国であるイギリス本土（国土面積約24万km²）や同じくらいの国土面積をもつドイツ（約36万km²）と比べるとはるかに高い数値で、日本の自然の特異な豊かさがうかがえます。

国土面積・森林率・動物種数・固有種割合の比較

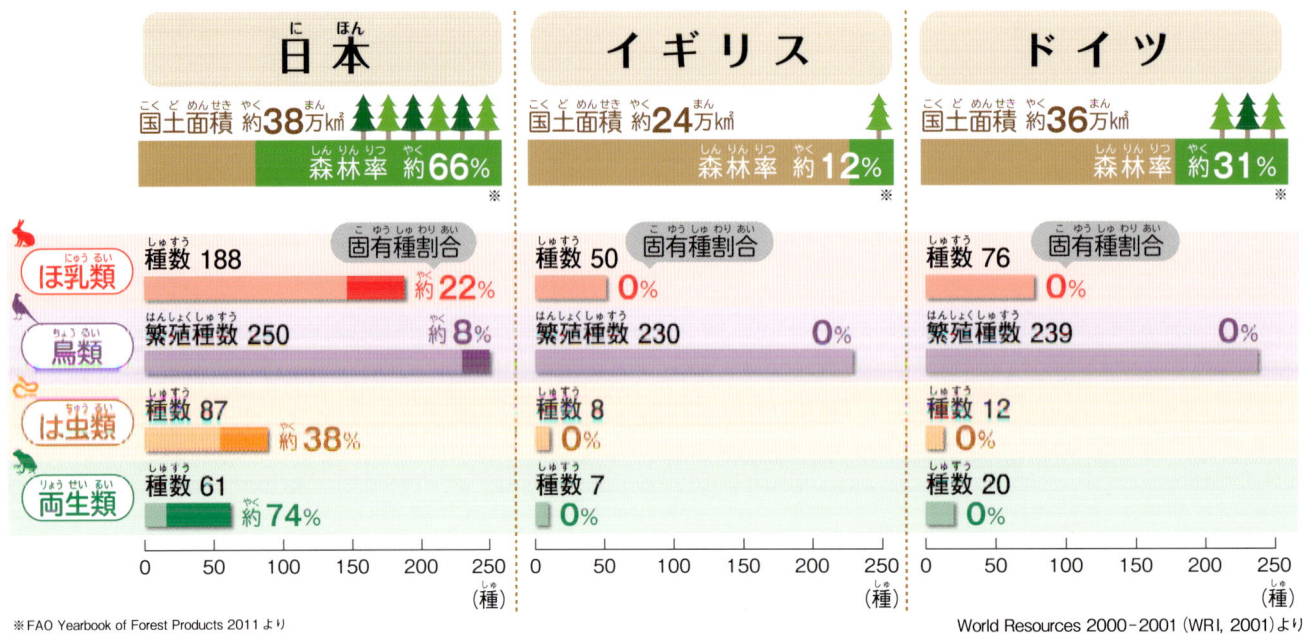

※FAO Yearbook of Forest Products 2011 より

World Resources 2000-2001 (WRI, 2001) より

代表的な日本固有種

　日本列島の中でもとくに固有種が多いのは、南西諸島や小笠原諸島などの島々、日本アルプスなどの高山帯、琵琶湖など歴史的に古い地形であったり、周辺地域から分断された環境であったりする地域です。

　なかでも小笠原諸島は、独自の生態系をもち、その島でしか見られない固有種が数多く生息していることから、ユネスコの世界遺産（自然遺産）に登録されています。

　日本固有種としてよく知られるのは、ほ乳類ではニホンヤマネやニホンカモシカ、ニホンザル、ムササビ（ホオジロムササビ）、イリオモテヤマネコ、アマミノクロウサギなど、鳥類ではヤマドリやヤンバルクイナ、メグロなど、両生類ではオオサンショウウオやモリアオガエル、は虫類ではアオダイショウ、魚類ではミヤコタナゴ、昆虫類ではギフチョウなどです。

アオダイショウ / ニホンヤマネ / ヤマドリ / ギフチョウ / オオサンショウウオ

コラム　独自の生態系をもつ小笠原諸島

　小笠原諸島は、東京から南に約1000kmのところにある30あまりの島々です。島が誕生してから一度も大陸と陸続きになったことがなく、島に流れ着いた生き物が独自の進化をとげ、特異な生態系をもっていることから、「東洋のガラパゴス※」と呼ばれています。

　なかでも特徴的なのは、多様な陸産貝類が生息していることです。在来陸貝100種以上のうち90％以上が固有種であることからも、固有種の割合の高さがうかがえます。

※ガラパゴス（諸島）
南米エクアドルの西約900kmの太平洋上にある諸島。めずらしい生き物が多く生息し、固有種の割合も非常に高いことで知られている。チャールズ・ダーウィンが『進化論』の着想を得ることになった島としても有名。

▲小笠原諸島では、多くの動植物が独自に進化し、固有種となっている。

日本に固有種が多いわけ

固有種が生まれる地域の特徴

　固有種が多く分布する地域には、2つの特徴が挙げられます。1つは周囲を海で囲まれた島々、もう1つは古い地形のまま現在も残っている地域です。
　島は、周辺の地域から分断されているので、もともといた種はほかの種と交わることがなく、古いまま生き続けるか、生息環境に適応した姿や習性をもつように変化していきます。
　また、陸続きであっても、長い間隔離された環境にあり、周囲から移入してくる生き物がいなかったり、その種の移動能力がとぼしかったりする場合は、地域的に孤立し、固有のものとなります。
　つまり、ほかの地域から隔絶され、天敵や競争相手が少ない場合に種が古いまま残ったり、特殊化が進んだりします。そして、長い年月の間にほかの地域のものが絶滅し、隔絶された地域のものが生き残れば固有種となるわけです。

　固有種が生まれる背景には、日本列島の成り立ち(地史)、気候、地形や植生などが深くかかわっています。それぞれの関係を見てみましょう。

日本列島の成り立ち(地史)との関係

　日本の動物の多くは、ユーラシア大陸からわたってきたとされています。これは、はるか昔、日本列島が大陸と陸続きだったことによります。日本列島が大陸との接続と分断をくり返している間に、さまざまな生き物たちが移入し、それぞれの地で分布していったのです。

日本列島の成り立ち

1 約7000万年前
日本列島はアジア大陸の一部

2 約1900万年前
日本海ができ、拡大し始める

3 約1450万年前
日本海の拡大が終了

4 約600万年前
火山活動が活発な時代

5 約2万年前
大陸との最後の接続

6 約7000年前
ほぼ現在の地形

『日本列島の誕生』(岩波書店)などより

大陸から日本列島への道

大陸と陸続きとなっていた時代、日本列島にはたくさんの動物がわたってきました。大陸の動物たちが日本列島へわたってきた道は、次の3つが考えられます。

●間氷期※の道

氷河時代の中でも比較的温暖な間氷期に、東南アジアから北上し、朝鮮半島を経由してわたってきた道。

〈わたってきた動物の例〉　ニホンザル、ムササビ、ニホンカモシカ、アズマモグラ　など

●氷期※の道

氷河時代の中でも比較的寒冷な氷期に、中国大陸北部やシベリアから朝鮮半島や樺太（サハリン）を経由して南下してきた道。

〈わたってきた動物の例〉　ニホンヤマネ、ニホンノウサギ、トガリネズミ類　など

動物たちがわたってきた道

「海峡形成史(VII)」(大嶋和雄)などより

日本列島は、長い間、大陸との接続と分断をくり返していましたが、最終氷期を最後に、樺太（サハリン）方面や朝鮮半島方面と陸続きになることはありませんでした。海峡ができて大陸から分断されると、大型の動物は絶滅し、生き残った動物は各地の環境に適応しながら、現在まで生きのびたのです。

※地球の極域に氷床がある時代を「氷河時代」といい、その中で比較的寒い時期を「氷期」、比較的暖かい時期を「間氷期」という。

日本に固有種が多いわけ

●南西諸島※1への道

およそ150万年前に、インドネシアなど南方から北上し、台湾を経由して南西諸島へとわたってきた道。

〈わたってきた動物の例〉ケナガネズミ、アマミノクロウサギ、ヤンバルクイナ、イリオモテヤマネコ　など

『琉球の生きもの』（群馬県立自然史博物館）などより

※1 南西諸島…九州南端から台湾にかけて連なる島々のこと。南西諸島にはトカラ構造海峡から九州南端にかけての島々もふくまれるが、ここではトカラ構造海峡以南の島々を指している。

このときすでに深い海峡（トカラ構造海峡）ができていて、南西諸島と本土は分断されていました。※2 南西諸島は、その後も本土と陸続きになることはなかったため、本土とはまったく異なる動物が分布しました。また、島が分断されて以降、大陸から新たな動物の移入もなかったことから、各島にすみついた動物たちは、その地で生き残ったのです。

沖縄本島北部のヤンバルクイナ、西表島のイリオモテヤマネコ、奄美大島のアマミノクロウサギなどは、南方から移入したあと、島の分断によって隔離された動物の代表例です。

※2 この時期に、沖縄諸島と宮古列島をへだてる海峡（ケラマギャップ／蜂須賀線）がすでに成立していたとする説もある。

 ## 世界の動物地理区※

日本列島は、世界の動物地理区では、旧北区と東洋区にまたがっています。トカラ構造海峡を境に、それより南の地域は東南アジア、それより北の地域は中国やロシアにすむ動物と深く関係しています。

※動物地理区とは、動物（ここではほ乳類）の分布の特徴をとらえて、区域に分けたもの。右の図のように、「旧北区」「新北区」「エチオピア区」「東洋区」「オーストラリア区」「新熱帯区」の6区域に分けられる。南極区とオセアニア区（東太平洋）を加えて8つに分ける考え方もある。

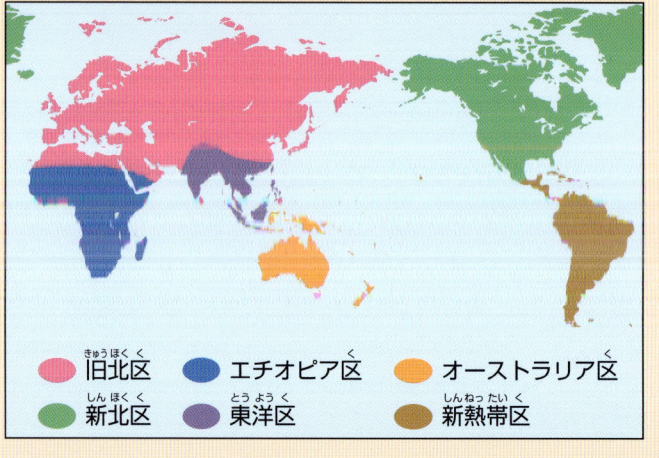

世界の動物地理区

- 旧北区
- エチオピア区
- オーストラリア区
- 新北区
- 東洋区
- 新熱帯区

分布の境界線

日本の野生動物の分布は、本州・四国・九州と、その他の地域とで大きなちがいが見られます。その境界となっているのが海峡です。なかでも重要なのが、北海道と青森県の間にある津軽海峡です。ここには「ブラキストン線」という分布の境界線が引かれ、これを境に、北海道以北の種と本州以南の種に大きなちがいが見られます。

また、本州以南でも、トカラ列島南部の悪石島と小宝島の間の海峡を境に分布が異なります。この分布の境界線は「渡瀬線（トカラ構造海峡）」と呼ばれ、この線より南に分布する種は、台湾や東南アジアに分布する種に近いといわれています。

ブラキストン線

およそ2万年前、最終氷期の時代は、海水面が今よりも100m以上も低かったと考えられています。そのため、水深が浅い海峡は陸地になり、生き物たちは日本と大陸の間を行き来できました。しかし、津軽海峡の水深は深く、大陸からきた動物たちは、本州へわたることはほとんどできなかったのです。

渡瀬線（トカラ構造海峡）※

南西諸島は、およそ150万年前には大陸とつながっていたとされています。しかし、トカラ構造海峡によって本土とは分断されていて、その後も本土と接続しないまま、現在のような島々ができ上がりました。この間に多くの種の分化と絶滅がくり返され、特殊な生態系が形成されました。

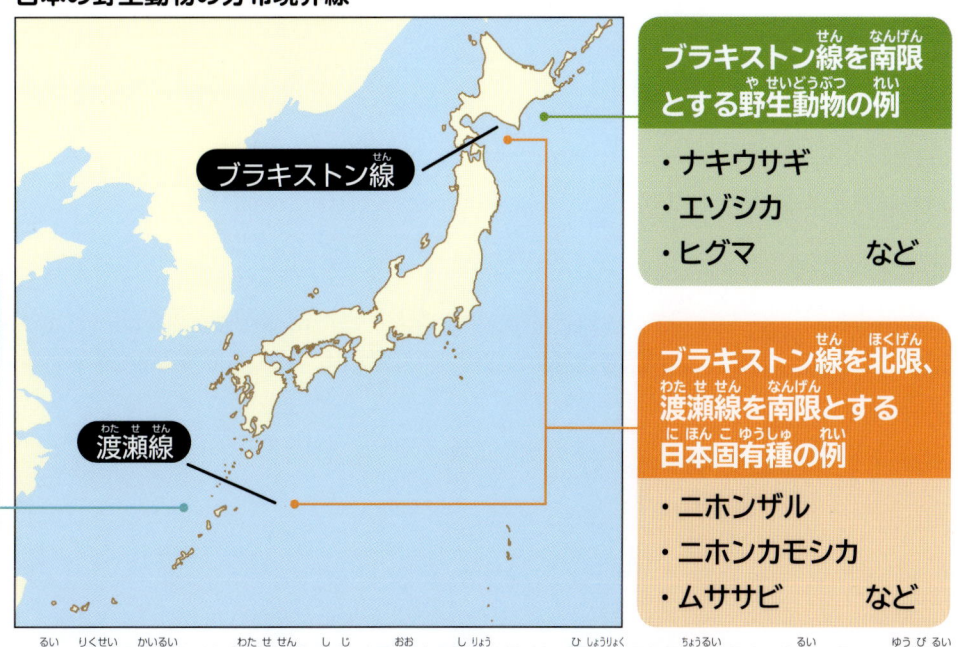

日本の野生動物の分布境界線

※ほ乳類、は虫類、両生類、昆虫類、クモ類、陸生の貝類などで渡瀬線を支持する多くの資料があり、飛翔力のある鳥類やチョウ類、そして有尾類（両生類）でこれにあたらない例もあるが、日本南部における最も重要な動物分布の境界線として一般に認められている。

日本に固有種が多いわけ

🜛 気候との関係

日本列島は、北海道・本州・四国・九州の4つの主な島を中心に、6800あまりもの島々から成り立つ島国です。弓のような形に連なる島々は、南北に長く、そのきょりは約3000kmにもおよびます。

南北に長い日本列島は、それぞれの地域によって、大きく気候が異なります。

北の北海道は亜寒帯(冷帯)に属していますが、南の南西諸島や小笠原諸島は亜熱帯に属し、年間の平均気温は、札幌市(北海道)と那覇市(沖縄県)とでは、15℃前後も差があります。

何より特徴的なのは、春夏秋冬の四季がはっきり分かれていることです。モンスーンと呼ばれる季節風は、日本に四季折々の気候と風土を生んでいます。

また、日本は降水量が多いことで知られ、年間の降水量の平均は1700mm以上と、世界の平均のおよそ2倍に相当します。この豊富な降水量は、日本を水資源と緑が豊かな国にし、さまざまな生き物がすむ環境をつくり上げています。

降水量の分布にも日本特有の特徴があり、列島を縦断する高い山地が境界となって、冬の天候に大きなちがいをもたらしています。日本海側の地域は冬に降水量のピークがあるのに対し、それ以外の地域は、冬は降水量が少ないなどがその一例です。

こうした天候や気温、降水、風土などさまざまな自然条件が多様な環境を生み出しました。それが、それぞれの地域に適応した、多様で独特な生き物たちが生息することにつながったのです。

日本の気候

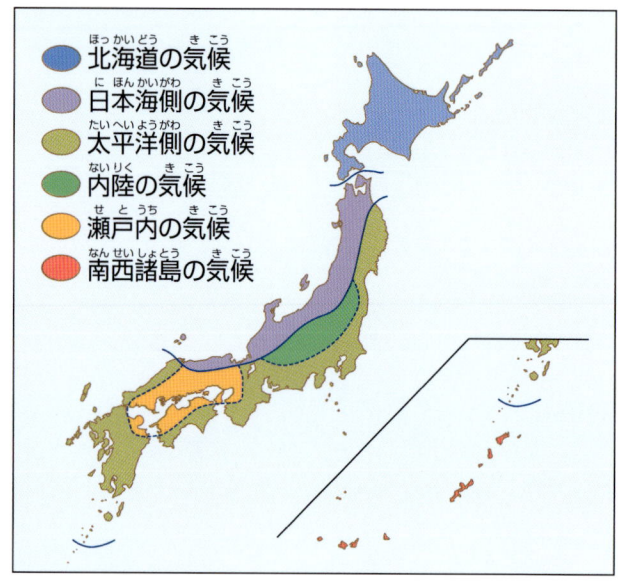

- 北海道の気候
- 日本海側の気候
- 太平洋側の気候
- 内陸の気候
- 瀬戸内の気候
- 南西諸島の気候

気温の比較

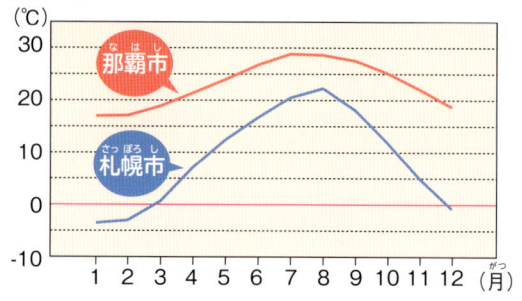

那覇市／札幌市

冬と夏の降水量のちがい

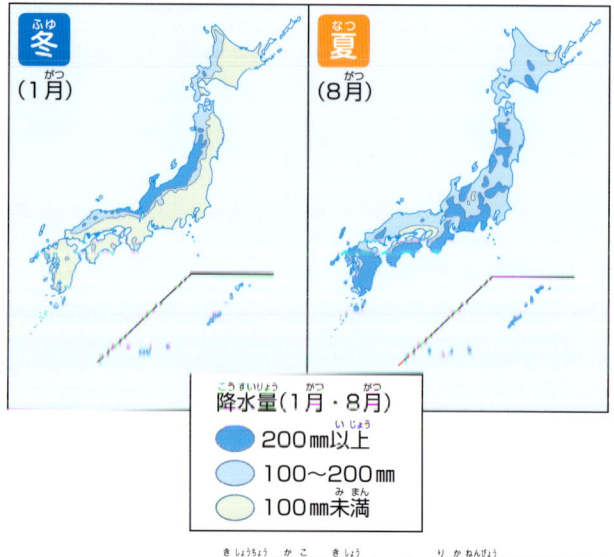

冬(1月)　夏(8月)

降水量(1月・8月)
- 200mm以上
- 100〜200mm
- 100mm未満

気象庁「過去の気象データ」、理科年表(2010)などより

地形や植生との関係

 日本の地形の最大の特徴は山が多いことです。列島を縦断するように連なる山地は国土の約70％をしめ、森林面積は約66％にもおよびます。この割合は、欧米先進国の森林率20～30％と比べると、飛びぬけて高いことがわかります。また、日本の森林は、緯度、標高などによってちがいがあることも特徴の1つです。

 北海道や本州の山岳地帯や寒冷地は常緑針葉樹林、一部は低木林・ツンドラ、東日本は主に落葉広葉樹林、西日本は照葉樹林、南西諸島は多雨林と多様な森林が広がり、それぞれの環境に適応した生き物が数多く生息しています。これは、海岸から山岳までの標高差約2500ｍ、南北の緯度差25度8分（約3000㎞）によってもたらされた結果といえるでしょう。

 このように、他国では見られない豊かな自然と生育環境が生物多様性を生み、数多くの日本固有種を育んでいったのです。

日本の森林分布

- 常緑針葉樹林（亜寒帯／亜高山帯）
- 低木林・ツンドラ（寒帯／高山帯）
- 多雨林（亜熱帯）
- 照葉樹林（暖温帯／低山帯）
- 落葉広葉樹林（冷温帯／山地帯）

森林・林業学習館「日本の森林分布」などより

固有種を守ろう！

絶滅が心配される日本固有種

固有種には絶滅が心配されている種が数多くいます。種は一度絶えると二度と取りもどすことができません。日本に暮らす私たちには、日本固有種を絶滅させてはいけないという責任があります。

絶滅が心配されている日本固有種の例

イリオモテヤマネコ　オガサワラオオコウモリ　アマミノクロウサギ　モリアブラコウモリ　リュウキュウヤマガメ　トカラハブ　オオサンショウウオ　ナミエガエル

ヤンバルクイナ　ノグチゲラ　ミゾゴイ　ミヤコタナゴ　イタセンパラ　オガサワラトンボ　オガサワラシジミ　ハナダカトンボ

絶滅の原因と私たちにできること

野生動物が絶滅の危機に立たされている原因のほとんどは、人間の活動によるものです。私たちは、日々の暮らしをふり返り、自然をこわしたり生態系をくずしたりしないように努めなければなりません。

自然開発による生態系の破壊

人間がより豊かな生活を求めて、資源を乱獲し、自然開発を進めることは、生き物たちの暮らしの場や繁殖の地をうばうことになります。人間だけが地球で暮らしているわけではありません。さまざまな生き物と共存することで、私たちの暮らしが成り立っていることを忘れないようにしましょう。

外来種の移入

もともとその地域にいなかった外来種が生態系をこわし、在来の固有種を追いはらうということが多くあります。外来種の多くは、ペットとして飼育されていたものが野に放たれたり、天敵の駆除などを目的に野外に放されたりしたものです。飼えなくなった生き物を安易に自然に返したり、別の地域に移動させたりしないことは、私たちにできる最低限の行動です。

地球温暖化のえいきょう

20世紀の終わりごろから地球温暖化が目立ちはじめ、さまざまな生き物に深刻なえいきょうをあたえています。分布域を北に移すことで生きのびる種もありますが、移動できないために絶滅の危機に直面する種もいます。私たちは、3R（リデュース・リユース・リサイクル）など環境に配慮した生活を心がけるようにしなければなりません。

第2部
日本固有の生き物を見てみよう

ニホンヤマネ

分　類	齧歯目（ネズミ目）ヤマネ科
頭胴長	68～84mm
体　重	14～20g（夏）、34～40g（冬眠前）
分　布	本州、四国、九州、隠岐島後
特　記	国の天然記念物

ニホンヤマネは、日本にいるほ乳類の中で最も古い種の1つといわれる日本固有種です。ニホンヤマネの祖先は、恐竜が絶滅したあと、ほ乳類がたくさん出現した時代に登場し、日本が大陸と陸続きだった時代に日本列島へわたってきました。およそ数百万年以上も前から姿と生態を変えずに、限られた森の中で生き続けています。

▲生息域

「1属1種」で「遺存種」

ニホンヤマネは、「1属1種」の固有種です。日本に取り残された「遺存種」です。この仲間はアジアではほとんど絶滅してしまい、今ではヨーロッパとアフリカにしかいません。ニホンヤマネは、祖先に近い姿と生態で生き残っており、いわば「生きた化石」です。「遺存種」と「生きた化石」という2つの言葉は、ニホンヤマネが生物学上とてもめずらしく、貴重な生き物であることをよく表しています。

グループごとに特徴がちがう

ニホンヤマネは、世界で本州・四国・九州と隠岐島後の限られた地域にしかすんでいません。各地域のニホンヤマネは、独立した分布をしていて、グループごとに毛の色や顔つきなどが少しちがいます。例えば、山梨県のニホンヤマネの毛の色は灰色、和歌山県は茶色、長崎県はこい茶色をしているといわれています。

逆さまのまま速く走る！

ニホンヤマネは、ほとんどの時間を木の上で過ごします。そのため、樹上で動きやすい体のつくりをしています。

足は体の横から出ていて木の枝をかかえやすくなっているほか、つめはかぎづめになっていて、木の幹や枝を引っかけやすくなっています。また、ふさふさとしたしっぽは、バランスをとるのに役立っていると考えられています。

こうした体のつくりから、ニホンヤマネは木の幹や枝を逆さまのまま速いスピードで走ることができるのです。

▲かぎづめ
写真提供：山口喜盛

▲逆さまのまま、スルスルと移動する。
写真提供：山口喜盛

北海道〜九州にすむ
固有種

● 背中の黒いライン
● ふさふさとしたしっぽ

背中のラインとしっぽが目印

ニホンヤマネは、しっぽを除いた体長は8cmほど、体重は18gほどで、手のひらにすっぽり収まるくらいの大きさです。一見ハムスターに似ていますが、2つの特徴が挙げられます。1つは背中に黒いラインが入っていること、もう1つはしっぽに毛が生えていることです。背中のラインは、木の枝の一部に見え保護色になるといわれています。

おどろきの冬眠術！

ニホンヤマネは、冬になると冬眠します。秋の終わりにたくさん食べて太り、体重は春や夏の2倍くらいになります。そして、寒くなると木の穴や落ち葉の下にもぐり、ボールのように丸くなってねむります。およそ半年間、飲まず食わずでねむり続けます。

冬眠中は、外気温と同じくらいにまで体温が下がり、心拍数や呼吸数も減って、できるだけエネルギーを使わないようになっています。外気温が下がりすぎて命が危険になると、自然に体温が上がって起き出し、安全な場所にねぐらを移します。

▲ボールのように丸くなって冬眠する。
写真提供：山口喜盛

▲冬眠前には、たっぷりと栄養をとり、まるまると太っている。
写真提供：山口喜盛

ニホンカモシカ

ニホンカモシカは、かなり古い時代に登場し、氷期を生きぬいた日本固有種です。名前からシカの仲間と思いがちですが、実はウシの仲間で、日本にすむ唯一の野生のウシ科の動物です。氷期に大陸から日本へわたってきたあと、新しいタイプのシカ科の動物に山岳地帯へと追いやられ、今ではごく限られた地域でほそぼそと命をつないでいます。近い仲間は、台湾の高山とヒマラヤなどにいるだけです。

分類	鯨偶蹄目＊ウシ科
頭胴長	110〜120cm
体重	30〜45kg
分布	本州、四国、九州
特記	国の特別天然記念物、環境省レッドリスト絶滅のおそれのある地域個体群（九州地方）

※以前は「鯨目（クジラ目）」と「偶蹄目（ウシ目）」に分かれていたが、DNAの研究によりひとまとまりの目とされた。

限られた生息域

ニホンカモシカは、中国地方を除く本州、四国、九州の山岳地域を中心に生息しています。四国や九州では、ごく一部にしかすんでいないなど、生息域は非常に限られています。

北海道〜九州にすむ　固有種

生え変わらない角

ニホンカモシカの頭には、2本の角が生えています。角は中に骨のしんがあり、表面はつめと同じ材質で、オスにもメスにもあります。シカのように生え変わることはありません。少しずつのびていき、毎年「角輪」と呼ばれる年輪が根元にできます。この角輪は、年齢や出産経験を知る手がかりとなります。

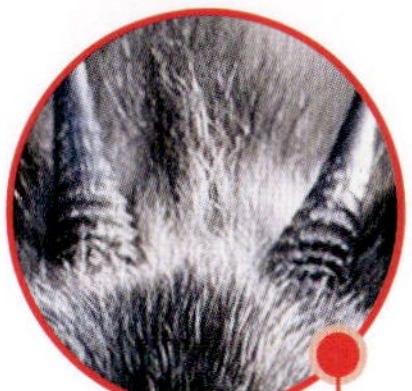

◀角輪。オスは輪の間隔はほぼ同じだが、メスは出産した年はせまくなる。
写真提供：山口喜盛

なわ張りを主張する

単独で行動するニホンカモシカは、なわ張りをもっています。なわ張りを守るために、ニホンカモシカは自分のにおいをつける「マーキング」を行います。目の下には「眼下腺」があり、ここからすっぱいにおいのする液体を出します。この液体を木の幹や岩などにこすりつけ、そのにおいで自分のなわ張りを主張します。

写真提供：三重県総合博物館

▲木の幹や岩など、さまざまなところににおいをつける。
写真提供：山口喜盛

がっしりとした足

ニホンカモシカの足は太くて短く、足先には2本のひづめがあります。ひづめは、広がるようになっていて、急な山の斜面でも、岩をしっかりはさみながら登ることができます。険しい岩山を素早く安定して移動するのに適しているのです。

▶2本のひづめ。上のほうに、退化した指の名残が見られる。
写真提供：三重県総合博物館

効率的な食事方法

ニホンカモシカがウシ科の仲間であることは、4つに分かれた胃袋と「反すう」からもわかります。「反すう」は、一度食べたものを胃から口へもどし、もう一度かみ直して飲みこむ方法です。危険な場所で素早く食事をすませ、安全なところに移ってからゆっくりと食べ直す、画期的な食事方法です。

◀岩の上などゆっくりできる場所で反すうする。

日本を代表する動物

ニホンカモシカは、学術的にとても価値が高く、世界から注目されているほ乳類です。そのため、国交友好のシンボルとして交換される動物によく選ばれています。なかでも有名なのは、1972年に中国からおくられたジャイアントパンダのお返しとして、翌年、ニホンカモシカがおくられたことです。日本ではあまり知られていませんが、ニホンカモシカは日本を代表する貴重な動物なのです。

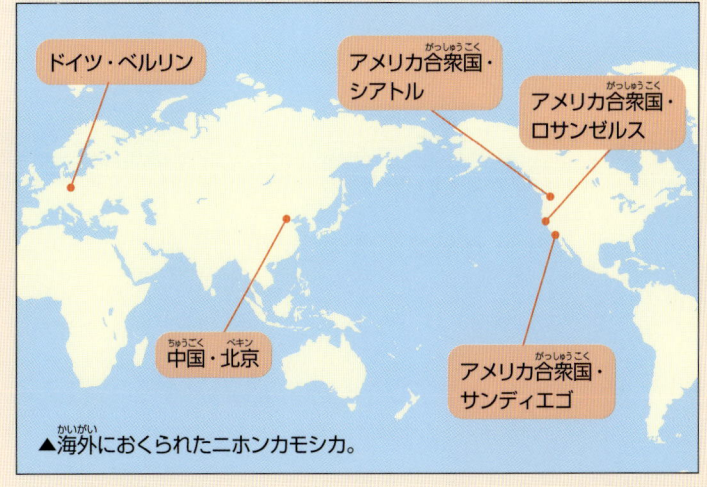
▲海外におくられたニホンカモシカ。（ドイツ・ベルリン／アメリカ合衆国・シアトル／アメリカ合衆国・ロサンゼルス／中国・北京／アメリカ合衆国・サンディエゴ）

ニホンイタチ

分類	食肉目（ネコ目）イタチ科
頭胴長	オス 27～37cm、メス 16～25cm
体重	オス 400～500g、メス 145～200g
分布	本州、四国、九州とその周辺の島（北海道と南西諸島は国内外来種）

固有種であり外来種でもある

　ニホンイタチが自然分布しているのは、本州、四国、九州とその周辺の島です。現在は北海道や南西諸島にも生息していますが、これらは自然に分布したものではありません。主にノネズミやイエネズミを駆除するために人間の手によって放たれ、野生化したものです。そのため、国内であっても外来種として位置づけられています。それを内来種と呼ぶ人もいます。

　ニホンイタチは、日本固有種の立場から見ると、チョウセンイタチの進出によって、生息がおびやかされる存在です。しかし、国内在来種の立場から見ると、北海道では日本固有亜種※のエゾオコジョを、南西諸島などでは在来の動物を追い出す存在となっています。

※亜種…同じ種の中でも、ほかと一定のちがいのあるグループ。

国立環境研究所「侵入生物データベース」より

北海道〜九州にすむ　固有種

ニホンイタチは、本州、四国、九州とその周辺の島に生息する日本固有種です。長い胴と短い足、太いしっぽが特徴です。しなやかで細長い体は、えものであるネズミを穴に入ってつかまえるのに適しています。近年、生息環境の悪化や外来種のチョウセンイタチの進出などにより、生息数が減っています。

メスの体はオスの半分？

ニホンイタチは、日本在来種のほ乳類の中で、オスとメスの体格差が最も大きい動物です。メスはオスに比べてかなり小さく、オスの2分の1〜3分の1ほどしかありません。

小さいながらも肉食獣

ニホンイタチは、小柄な体格をしていますが、実は強い肉食獣です。主にネズミやカエル、小型の鳥、昆虫など陸上の小動物を食べますが、ときには、自分よりも大きなニワトリやウサギなども食べます。また、指の間に水かきがついていて泳ぎが得意なことから、川に入り魚やザリガニなどをとって食べることもあります。

写真提供：尾園暁

チョウセンイタチが勢力拡大！

西日本では、チョウセンイタチの進出により、ニホンイタチの生息域がせまくなりつつあります。チョウセンイタチは、日本ではもともと対馬だけに自然分布していたイタチです。毛皮目的で養殖していたものがにげ出し、西日本を中心に分布域を広げ、ニホンイタチを平野部から山地へと追いやっているといわれています。

▲チョウセンイタチ（上）とニホンイタチ（下）のはく製。
写真提供：島根県立三瓶自然館

コラム　絶滅したニホンカワウソ

イタチの仲間は、上質で美しい毛皮をもっていることから、しばしば狩猟や密猟の対象になってきました。

2012年に絶滅種に指定されたニホンカワウソもその1つです。ニホンカワウソは、全国の河川にすむ身近な動物でしたが、保温性と防水性にすぐれた毛皮をもっていたため大量に捕獲され、戦前にはほとんど姿を消してしまいました。わずかに残ったものの、生息環境の悪化でどんどん生息数を減らし、1979年の目撃情報を最後に、姿を消してしまいました。

写真提供：今泉忠明
▲現在の高知県土佐清水市で1974年に撮影されたニホンカワウソ。

ムササビ

分類	齧歯目（ネズミ目）リス科
頭胴長	34〜48cm
体重	700〜1000g前後
分布	本州、四国、九州

ムササビ（ホオジロムササビともいう）は、本州、四国、九州に生息する日本固有種です。前足と後ろ足の間にある膜を広げて、滑空※することで知られています。ムササビの祖先は、大昔、北アメリカ、ヨーロッパ、アジアにいたパラミスという動物です。それが樹上生活を行うようになってリスに進化し、そのリスが滑空するようになって、モモンガやムササビに進化しました。約70万年以上も前に大陸から日本へわたってきたと考えられています。

※滑空…風などを利用して空を飛ぶこと。

本州では千葉県以外に分布

ムササビは、本州、四国、九州に分布していますが、千葉県での生息は確認されていません。また、多くの自治体で絶滅のおそれのある野生動物の情報をまとめたレッドデータブックに掲載されています。

社寺林※に多く生息

ムササビは、低地から高地までの原生林や社寺林にすんでいます。夜行性で、昼間は木の穴や人家の屋根裏などにつくった巣でねむり、日がしずんでから活動を始めます。食べ物は木の芽や葉、花、種子など植物ですが、必ず木の上で食べ、地面に落ちているものは食べません。

※社寺林…神社の周囲に残された森林。「鎮守の森」ともいう。

▲食事は必ず樹上で行う。

北海道〜九州にすむ　固有種

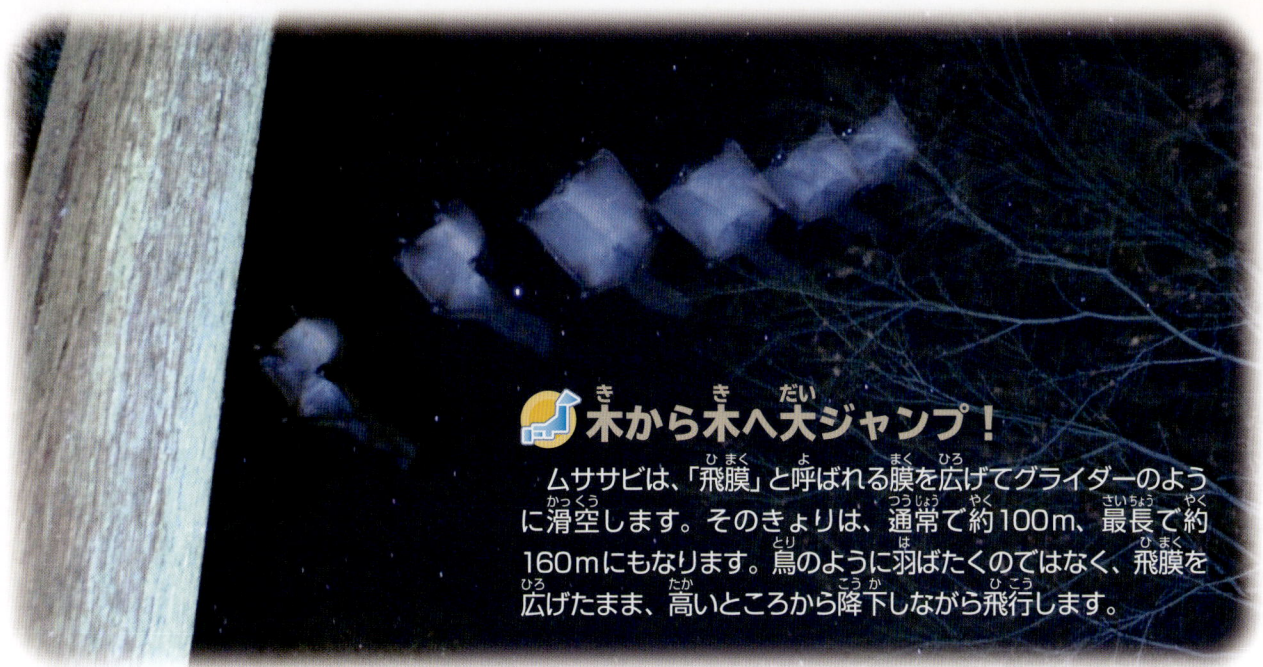

木から木へ大ジャンプ！

ムササビは、「飛膜」と呼ばれる膜を広げてグライダーのように滑空します。そのきょりは、通常で約100m、最長で約160mにもなります。鳥のように羽ばたくのではなく、飛膜を広げたまま、高いところから降下しながら飛行します。

体の特徴

滑空移動できるムササビの体には、たくさんの秘密がかくされています。ほかの動物には見られない、体のつくりを見てみましょう。

針状軟骨
手首に長さ6〜7cmのやわらかい骨がついています。これを広げて、飛膜の面積をより広くします。

足先
するどいかぎづめとしめった肉球とそれをおおう毛がすべり止めになり、しっかりと木にしがみつくことができます。

写真提供：軽井沢　ピッキオ

しっぽ
ふさふさしていて、つつ形をしています。飛ぶときに安定性を保つほか、方向を変える役目を果たします。

飛膜
のび縮みする膜で、へりに筋肉がついています。

ムササビとニホンモモンガのちがい

ムササビと同じように、滑空する動物にニホンモモンガ（→P.33）がいます。同じリスの仲間で、どちらも夜行性で食べるものもほぼ同じです。どんなちがいがあるのでしょうか。

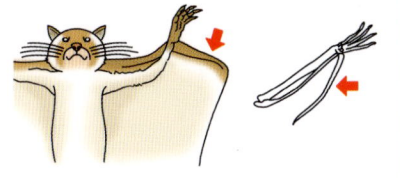
▲ニホンモモンガ

	ムササビ	ニホンモモンガ
体の大きさ	小柄なネコくらい	手のひらに乗るくらい
滑空時の大きさ	座布団くらい	ハンカチくらい
顔の特徴	ほおに白い帯がある	ほおに白い帯はない
しっぽ	円いつつ形	平たい形
鳴き声	グルルグルル	ズイズイズイ
滑空きょり	約100m（最長約160m）	20〜30m（最長約100m）
生息場所	低地から高地	高地のみ
運動能力	歩行は苦手	リスと同じように木の上を移動する

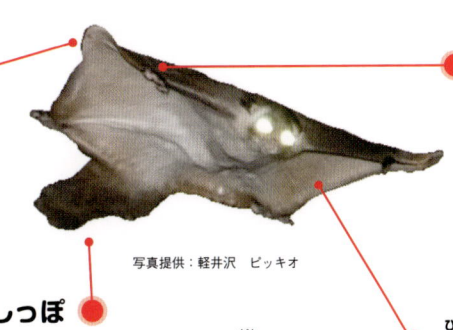

▲ムササビはニホンモモンガに比べるとかなり大型。

ニホンノウサギ

分類	兎目（ウサギ目）ウサギ科
頭胴長	43～54cm
体重	1.3～2.5kg
分布	本州、四国、九州とその周辺の島

　ニホンノウサギは、本州、四国、九州とその周辺の島にすむ日本固有種です。低地から山地帯の森林や草原など、さまざまな場所にすんでいます。ふつう日本海側など積雪の多い地域にすむノウサギだけ、冬になると体毛が白くなります。北海道には分布しておらず、本州以西にすむ野生のウサギは、アマミノクロウサギ（→P.44～45）を除いて、すべてニホンノウサギの仲間です。

北海道以外に分布

　本州、四国、九州、佐渡島、隠岐諸島、淡路島、小豆島、五島列島、下甑島などに分布しています。
　関東から九州の太平洋側に冬でも茶色の体のキュウシュウノウサギが、東北から山口県にかけての日本海側に冬は白くなるトウホクノウサギと呼ばれる亜種がすんでいます。また、佐渡島にすむサドノウサギという亜種は冬に白くなりますが、隠岐諸島にすむオキノウサギは冬でも白くなりません。このちがいは、気温や雪の量に関係しているといわれています。

　北海道には、ニホンノウサギに似たエゾユキウサギという別の種が生息しています。

耳が長いのはなぜ？

ウサギは、常に肉食動物にねらわれているので、危険をすばやく察知してにげなければなりません。そこで、遠くからの音をキャッチするために耳は長く、天敵からにげ切るために足が速くなったと考えられています。

長い耳は、遠くからの音をキャッチするほかに、体温を下げる役割をもっています。全力で走ると体温が上がりますが、それを下げているのが長い耳です。ウサギはあせをかかず、耳には血管があみ目状に広がっていて、そこから熱を発散するようになっています。

▲ニホンノウサギの耳の長さは7〜8cm。

たくましいノウサギの子

ニホンノウサギは、特定の巣をもちません。ノウサギの母親は、やぶの中や草むらなどに子ウサギを産み落とします。そのような場所はとても危険で、すぐに天敵にねらわれます。でも、子ウサギは、毛が生えそろった状態で生まれ、目もあいていて、すぐに動き回ることができます。

写真提供：よこはま動物園ズーラシア

▲生まれてすぐに動き回ることができる子ウサギ。

白くなるトウホクノウサギ

トウホクノウサギは、東北地方から山口県にかけての日本海側や標高の高い降雪地域に分布しています。夏の毛並みは茶褐色ですが、冬になると、耳の先の黒い部分を残して真っ白になります。これは、雪の中でほかの肉食動物から身を守るための保護色になっています。また、後ろ足は長く発達しており、雪にうもれません。

写真提供：よこはま動物園ズーラシア

茶褐色の夏毛から、真っ白な冬毛にチェンジ

◀後ろ足が長いトウホクノウサギ。

ニホンザル

分類	霊長目（サル目）オナガザル科
頭胴長	オス 53〜60cm、メス 47〜55cm
体重	オス 10〜18kg、メス 8〜16kg
分布	本州、四国、九州、淡路島、小豆島、屋久島、金華山島、幸島
特記	国の天然記念物、環境省レッドリスト絶滅のおそれのある地域個体群（北奥羽・北上山系、金華山）

ニホンザルは、寒冷地や積雪地帯にすむ、世界でもめずらしいサルです。多くのサルの仲間が、赤道付近の熱帯や亜熱帯地域で生息するなか、ニホンザルの祖先は近い仲間との競合で新たな環境を求めて北へ北へと移動しました。寒冷な気候に適応しながら生きぬいた結果、世界で最も寒いところにすむサルになりました。

北海道と沖縄県以外に分布

ニホンザルが生息するのは、北は青森県下北半島から南は鹿児島県屋久島までです。

青森県下北半島にすむニホンザルは、「北限のサル」と呼ばれ、世界で最も北に生息することで知られています。

最も南にすむニホンザルは、鹿児島県屋久島に生息する、亜種のヤクシマザル（ヤクザル）です。九州より北にすむサルと比べて、小柄でずんぐりとした体形をしています。

◀離島に隔離されて生きてきたヤクシマザル。

北海道〜九州にすむ 固有種

赤は元気と強さの証拠！

顔とおしりが赤いのがニホンザルの特徴です。皮ふがうすいため、血管がすけて見えるのがその理由です。とくにおしりの赤さは強さと元気の証明で、繁殖期はさらに赤くなります。

写真提供：八木山動物公園

しっぽは、サルの仲間の中でもとくに短く、7〜10cmほどしかありません。寒い地方の動物は、体の出っ張った部分が小さく、熱をうばわれないようになっています。また、地上で活動するので、長いしっぽを失ったともいわれています。

ほおぶくろにつめこむ！

ニホンザルには、両側のほおの内側に「ほおぶくろ」があります。食べ物を見つけて急いでその場をはなれなければならないときは、食べ物をほおぶくろにつめこみ、木の上など安全な場所に移動してから、口の中にもどしてゆっくり食べます。

写真提供：吉田洋

行動が人間にそっくり！

ニホンザルは、文化的な行動をとることで知られています。きっかけになったのが、宮崎県幸島にすむニホンザルです。あるサルがサツマイモを海水で洗い、砂を落として塩味をつけて食べました。ほかのサルもそれをまねするようになり、やがて世代と年月をこえて広がっていきました。これにより、「人間以外の動物にも文化がある」という認識が世界中に広まりました。
　ほかにも、温泉につかったり、雪玉で遊んだりするなど、人間とよく似た行動をとることで知られています。

◀幸島のニホンザルによる「イモ洗い行動」。
写真提供：吉田洋

▲温泉につかるニホンザル。

▲雪玉で遊ぶニホンザル。

オオサンショウウオ

分類	有尾目オオサンショウウオ科
全長	30～150cm
分布	本州（岐阜県以西）、四国、大分県
特記	国の特別天然記念物、環境省レッドリスト絶滅危惧Ⅱ類

オオサンショウウオは、清流にすむ世界最大級の両生類です。その祖先が登場したのは、およそ3000万年前。そのころ、オオサンショウウオは世界各地に生息していましたが、200万年ほど前から何度も氷期がおとずれたことで、ほとんど絶滅してしまいました。しかし、氷期の被害が少なかった日本や中国、アメリカにすむ種は生き残り、約3000万年前の姿形のまま今も生き続けています。

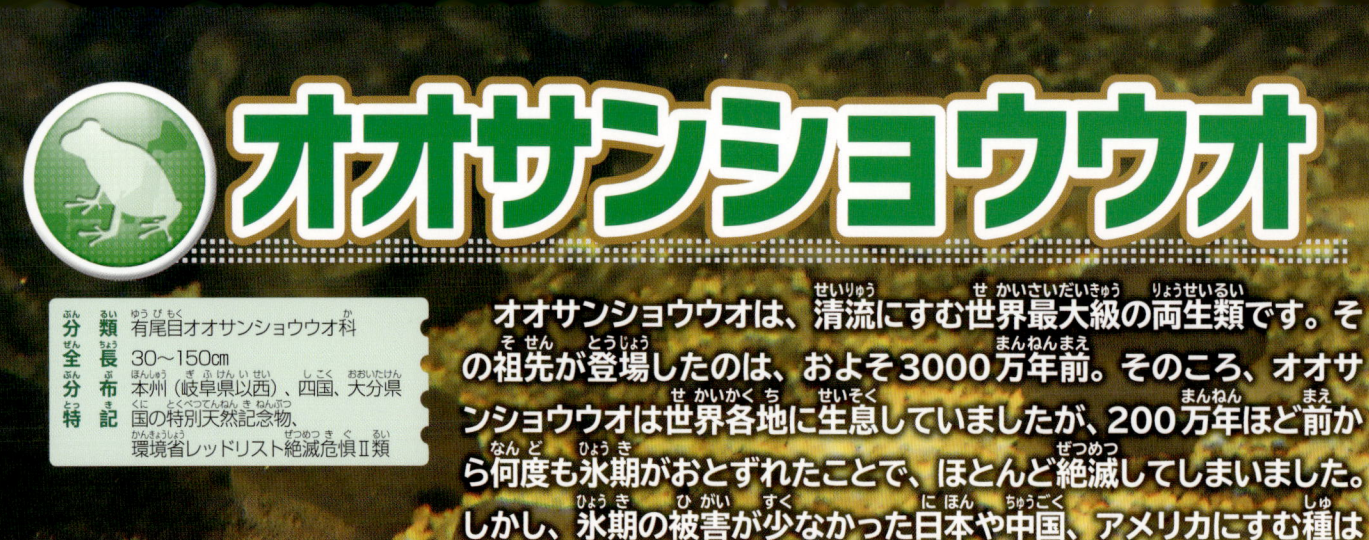

サンショウウオの仲間

日本固有種のサンショウウオの仲間は、オオサンショウウオ科1種のほかに、サンショウウオ科20種がいます。オオサンショウウオは、水中から出ることはめったにありませんが、サンショウウオ科の仲間は、陸上で生活することが多いとされています。

▲ヒダサンショウウオ（左）、ハコネサンショウウオ（右）
写真提供：佐久間聡

▲カスミサンショウウオ
写真提供：世界淡水魚園水族館　アクア・トトぎふ

▲ベッコウサンショウウオ
写真提供：佐久間聡

▲ツクバハコネサンショウウオ
写真提供：佐久間聡

▲トウキョウサンショウウオ
写真提供：佐久間聡

▲クロサンショウウオ
写真提供：世界淡水魚園水族館　アクア・トトぎふ

北海道〜九州にすむ 固有種

山間部にひっそりと生息

オオサンショウウオは、岐阜県よりも西の地域と、四国、大分県に分布しています。とくに、近畿地方や中国地方の清流河川の中流から上流でよく見られます。

どんな体？

体は胴長で頭は平たく、足は短いのが特徴です。目がとても小さく、大きな口とそのへりに沿って並ぶ細かい歯をもっています。体の背面は茶褐色をしていて、黒いはん点模様があります。また、体側面には皮ふのひだがあります。このひだによって皮ふの表面積が増え、より多くの酸素を取り入れることができます。

しっぽは全長のおよそ3分の1の長さ。
写真提供：佐藤眞一
前足の指は4本。 後ろ足の指は5本。

写真提供：海遊館

日本固有種のサンショウウオ科の仲間

種名	分布	全長(mm)	種名	分布	全長(mm)
エゾサンショウウオ	北海道	115〜200	オオイタサンショウウオ	大分県、熊本県の一部、宮崎県、高知県足摺岬付近　など	100〜165
トウホクサンショウウオ	東北地方、新潟県、群馬県、栃木県、茨城県	90〜140	ツシマサンショウウオ	長崎県対馬	109〜142
クロサンショウウオ	東北地方、北関東地方、北陸地方、佐渡島	120〜190	オキサンショウウオ	島根県隠岐島後	121〜133
トウキョウサンショウウオ	関東地方（群馬県を除く）、福島県相馬地方	80〜130	ヒダサンショウウオ	関東地方、中部地方、北陸地方、近畿地方、中国地方の山地	101〜184
ハクバサンショウウオ	長野県北部、岐阜県北部、富山県南部、新潟県南部	76〜105	ブチサンショウウオ	近畿地方、中国地方、九州（南側を除く）	88〜155
ホクリクサンショウウオ	石川県能登半島、富山県の丘陵地	100〜124	コガタブチサンショウウオ	中部地方南部、近畿地方、四国、九州（北西部を除く）	88〜155
アベサンショウウオ	京都府丹後地方、兵庫県但馬地方、福井県北部	82〜107	アカイシサンショウウオ	静岡県、長野県	120〜140
			ベッコウサンショウウオ	熊本県、宮崎県、鹿児島県北部の山地	137〜155
カスミサンショウウオ	本州（愛知県の一部、鈴鹿山脈以西）、四国（瀬戸内海沿岸）、九州（北西部、長崎県五島列島、壱岐）	60〜125	オオダイガハラサンショウウオ	紀伊半島、四国、九州の祖母山系、熊本県天草、鹿児島県大隅の山地	144〜200
			イシヅチサンショウウオ	四国	131〜186
ツクバハコネサンショウウオ	茨城県筑波山周辺	140	ハコネサンショウウオ	本州、四国の山地	130〜190

※ハコネサンショウウオの一部を独立種とする意見もある。

ニホンリス

ニホンリスは、平地から亜高山帯までさまざまな森林にすむ日本固有種です。とくに、低山帯のマツ林に多く生息しています。本州、四国、九州、淡路島に分布していますが、中国地方より西の地域は生息数がきわめて少なく、九州や淡路島では絶滅したといわれています。

分類	齧歯目（ネズミ目）リス科
頭胴長	16～22cm
体重	250～310g
分布	本州、四国、九州、淡路島
特記	環境省レッドリスト絶滅のおそれのある地域個体群（中国地方、九州地方）

 どんな体？

ニホンリスの毛は、年2回生え変わり、冬になると耳に「ふさ毛」が生えます。腹部が白く、目の周りに白いリング状の毛が生えているのが特徴です。

◀夏毛
全体的に茶褐色をしていて、とくにうでやわきの部分の色がこい。

冬毛▶
全体的に灰褐色をしていて、耳にふさ毛が生える。

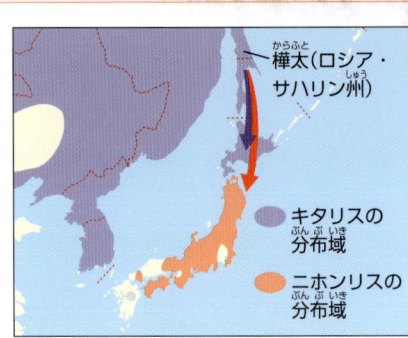

▼エゾリス。体の色のむらや目の周りの白いリング状の毛がなく、耳のふさ毛が多くて長い。

樺太（サハリン）から南下

ニホンリスは、キタリスの祖先から分かれて進化した種と考えられています。キタリスは、ヨーロッパからアジア北部に広く分布しているリスの仲間で、樺太（サハリン）から日本に入ってきたといわれています。北海道にすむエゾリスは、キタリスの亜種です。

どんな暮らし？

ニホンリスは、冬眠をしません。秋になると食べ物をたくわえる「貯食」を行います。木の実などを集めて土の中にうめたり、木の枝の間にはさんだりするのです。食べ物のない冬に役立つ習性です。

ニホンリスと外来種

近年、ニホンリスの存続がおびやかされています。その原因の1つに、タイワンリスなど外来種の増加が挙げられます。ペットとして飼われていたリスが森などににげ出し、もともといたニホンリスの生息場所をうばったり、交ざりあったりするおそれが心配されています。

▶タイワンリス。体はニホンリスより大きく、丸くて小さい耳が特徴。

北海道～九州にすむ

固有種

ニホンモモンガ

分類	齧歯目（ネズミ目）リス科
頭胴長	14～20cm
体重	150～220g
分布	本州、四国、九州

日本には、モモンガの仲間が2種います。1種は北海道にすむエゾモモンガ、もう1種は本州以南にすむニホンモモンガです。エゾモモンガは、ユーラシア大陸北部に生息するタイリクモモンガの亜種で、ニホンモモンガは津軽海峡（ブラキストン線→P.13）を境に、本州、四国、九州にだけすむ日本固有種です。

減少する生息域

ニホンモモンガは、本州、四国、九州の、山地帯から亜高山帯の森林に分布していますが、近年、森林伐採などによる環境の悪化により、生息数が減っています。そのため、絶滅危惧種に指定している自治体がたくさんあります。

どんな動物？

ニホンモモンガは、ムササビ（→P.24～25）のように、前足と後ろ足の間にある「飛膜」と呼ばれる膜を広げて、木と木の間を滑空（→P.24）します。夜行性で、昼間は木の穴で休んでいます。大きな目と平たいしっぽをもっていて、夏毛は茶褐色、冬毛は灰褐色になります。

ただ、夜行性であることや限られた森林にしかすんでいないことなどから、生息情報が少なく、くわしい生態はわかっていません。

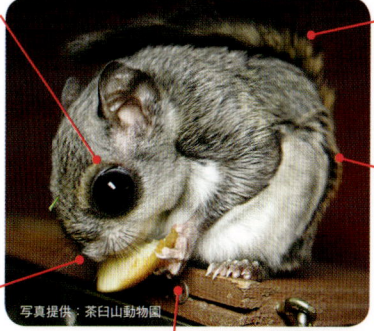

写真提供：茶臼山動物園

大きな目 クリクリッとした大きな目が特徴です。暗いところでもよく見えます。

平たいしっぽ 滑空するとき、バランスをとるのに役立ちます。

飛膜 滑空するときに広げるうすい膜。使わないときは、縮んでいます。

のび続ける歯 モモンガなどリスの仲間の動物は、一生歯がのび続けます。

器用な前足 細かいものをつかむなど、さまざまな作業を器用にこなします。

北海道にすむエゾモモンガ

北海道にすむエゾモモンガは、ニホンモモンガとは別の種ですが、両者の姿形はよく似ています。エゾモモンガは、ニホンモモンガに比べると、体が少し小さく、毛の色が少しうすいなどのちがいはありますが、両者の見分けは難しいといわれています。

◀冬毛のエゾモモンガ。

シントウトガリネズミ

写真提供：今泉忠明

分類	食虫目（モグラ目）トガリネズミ科
頭胴長	5.2〜7.8cm
体重	3.9〜13.5g
分布	佐渡島、本州（京都府以北・紀伊半島）、四国

「ホンシュウトガリネズミ」とも呼ばれています。「ネズミ」という名前がついていますが、ネズミの仲間ではなく、モグラの仲間です。主に山岳地帯にすんでいて、生息数はそれほど多くありません。

山地に分布

シントウトガリネズミは、佐渡島、本州の京都府以北や紀伊半島の山地、四国の山地にすんでいます。

どんな暮らし？

モグラの仲間ですが、森林や低木林などの落ち葉や腐葉土が積もったところに暮らしています。昼も夜もおよそ3時間のリズムで活動し、昆虫類やクモ類、ジムカデ類、ミミズ類などを食べます。

トガリネズミの仲間

トガリネズミの仲間は日本固有種が多いことでも知られています。標高が高い地域にすむシントウトガリネズミやアズミトガリネズミのほか、平地から山地下部にかけて生息するニホンジネズミやワタセジネズミ、オリイジネズミ、そして、水中生活にも適応できるカワネズミです。

そのほかのトガリネズミ科の日本固有種

種名	分布
アズミトガリネズミ	本州中部の北・中央・南アルプス、奥秩父、志賀山
ニホンジネズミ	本州、四国、九州、伊豆諸島、トカラ列島 など
ワタセジネズミ	奄美群島、沖縄諸島
オリイジネズミ	奄美大島、徳之島、加計呂麻島
カワネズミ	本州、九州

泳ぐモグラ

カワネズミは、陸上から水中へと進出したモグラで、渓流にすんでいます。頭胴長10cm以上とトガリネズミ類の中では大型で、前後の足の指の両側には水かきになる毛が生えています。水の中を自由に泳ぎ回り、自分の体ほどもある大きな魚をとって食べます。

▲魚を食べるカワネズミ。
写真提供：世界淡水魚園水族館 アクア・トトぎふ

コラム よく似たアズミトガリネズミ

アズミトガリネズミは、シントウトガリネズミよりも標高の高い地域（標高2000〜3000m）にすんでいます。姿形はとてもよく似ていますが、頭胴長4.6〜6.6cm、体重約4.5gと、シントウトガリネズミよりも小さいことで見分けることができます。

写真提供：今泉忠明

▲アズミトガリネズミ
◀アズミトガリネズミの分布域。

北海道～九州にすむ
固有種

アズマモグラ

分 類	食虫目（モグラ目）モグラ科
頭胴長	12.1～15.9cm
体 重	48～127g
分 布	主に越後平野の一部を除く、本州の中部（静岡県・長野県・石川県）以北　など

日本には、8種の日本固有種のモグラがいます。アズマモグラは、主に東日本にすむ小型から中型のモグラで、低地の農耕地に多くすんでいます。外側に向いた前足には長くてじょうぶなつめがついていて、地面をほるのに役立ちます。ほり出された土は盛り上がり、「モグラ塚」と呼ばれます。

▲モグラ塚
写真提供：宮崎市フェニックス自然動物園

そのほかのモグラ科の日本固有種

種 名	分 布	種 名	分 布
ヒメヒミズ	本州、四国、九州	サドモグラ	佐渡島
ヒミズ	本州、四国、九州　など	エチゴモグラ	新潟県
ミズラモグラ	本州（青森県～広島県）	コウベモグラ	本州（主に中部以南）など
センカクモグラ	尖閣諸島（魚釣島）		

※エチゴモグラは、サドモグラの亜種とされる場合もある。

▼コウベモグラ

写真提供：宮崎市フェニックス自然動物園

コラム　モグラの勢力争い

今から数十万年前、日本列島には、モグラの中でも最も古いタイプとされるミズラモグラがすんでいました。その後氷期に入り、日本が大陸と地続きになった15万年ほど前に、アズマモグラがわたってきて、平地からミズラモグラを追いはらい、広く分布しました。

そして、日本が大陸から切りはなされた15万～8万年前ごろ、大陸ではアズマモグラの祖先が現在のコウベモグラへと進化したと考えられています。

その後、8万～1万年前ごろ、再び氷期がおとずれて日本が大陸とつながったとき、大陸からコウベモグラがわたってきました。体の大きいコウベモグラの進出により、アズマモグラは東へ東へと追いやられ、生息域をどんどんせばめていきました。そして現在では、西日本では一部の山地に孤立した状態で生息するのみとなりました。

このアズマモグラとコウベモグラの勢力争いは、現在も続いているといわれています。

アズマモグラとコウベモグラ

アズマモグラは、主に東日本（関東地方以北）に分布しています。それに対して、コウベモグラは、主に西日本（本州中部以南）に分布しています。現在、中部地方が2種の分布域の境界となっています。

▲アズマモグラの分布域。 　　▲コウベモグラの分布域。

カヤクグリ

分類 スズメ目イワヒバリ科
全長 約14cm
分布 四国以北（冬期は本州以南）

　カヤクグリは、スズメくらいの大きさの鳥です。羽の色は、オス・メスとも同じで、全体的に茶褐色をしています。冬にカヤ（ススキなどの総称）が生いしげるやぶの間をくぐるようにして暮らしていることから、その名がついたといわれています。

どんな暮らし？

　冬は単独で行動する姿が観察されています。夏、繁殖期になると、小さな群れをつくって生活します。ハイマツの木の上にかれた草やコケを組みあわせたおわん形の巣をつくり、3〜4個の卵を産みます。食べ物は小さな昆虫や木の実などで、樹上でも地上でも採食します。

どんな鳥？

　カヤクグリは、高山にだけすんでいます。色や模様に目立ったところがなく、地味な姿をしています。しかし、鳴き声はとても美しく、「チリリ　チリリ」とすんだ声で鳴きます。また、「チュリ　チュリ　チュリ　チュリリリ　ヒリヒリ」などとすずの音のような声でさえずることで知られています。

◀地味で動きも速いので、人目につきにくいといわれている。

コラム　繁殖地として日本固有種　ミゾゴイ

分類 ペリカン目サギ科
全長 約49cm
分布 繁殖地：本州、四国、九州、伊豆諸島
特記 環境省レッドリスト絶滅危惧II類

　ミゾゴイは、東アジアの平地から低山地にかけての森林にすむサギの仲間です。繁殖地として確認されているのは日本だけで、繁殖地という点から日本固有種とされています。冬になると、南西諸島、中国南部、台湾、フィリピンなどにわたって冬をこします。生息数は世界中で1000羽ほどといわれていて、国際的にも絶滅が心配されています。トキなどと同様に、国際自然保護連合（IUCN）の絶滅危惧種にも指定されています。

◀木の枝に擬態するミゾゴイ。

どんな鳥？

　ミゾゴイは、うす暗い林や谷川沿いにすんでいます。地上を歩き、昆虫類や両生類、ミミズ類などをつかまえて食べます。繁殖期になると、夜に「ボォーボォー」と鳴きます。危険を感じると、首をのばして静止し、木の枝のように擬態することで知られています。

モリアオガエル

北海道〜九州にすむ

固有種

モリアオガエルは、平野部から山間部までの森林にすむアオガエルの仲間です。水面上に張り出した木の枝にあわに包まれた卵のかたまりを産みつけるという、めずらしい習性をもっています。環境の変化によって生息数が減り、産卵できる場所も限られています。2か所の繁殖地が国の天然記念物に指定されているほか、多くの自治体のレッドデータブックに掲載されています。

分類	無尾目（カエル目）アオガエル科
体長	オス 4.2〜6cm、メス 5.9〜8.2cm
分布	本州、佐渡島、伊豆大島（移入分布）
特記	国の天然記念物

山地帯の森林に生息

モリアオガエルは、茨城県を除く本州と佐渡島に分布しています。伊豆大島にも生息していますが、人間の手によってもちこまれたものと考えられています。

すむ地域によって、背中に模様があったりなかったりします。

八幡平市・大揚沼（岩手県）
川内村・平伏沼（福島県）

▲背中に模様のないタイプ。

▲背中に模様のあるタイプ。

国の天然記念物に指定されている繁殖地

▲福島県双葉郡川内村の平伏沼
写真提供：川内村教育委員会

▲岩手県八幡平市の大揚沼
写真提供：八幡平市教育委員会

どんな体？

モリアオガエルの足の指先には、丸い吸盤がついています。これでぴったりとすいつくことができるので、木に登ったり、細い木の枝につかまったりするのに便利です。

めずらしい産卵方法

モリアオガエルは、ふだん森の中で暮らしていますが、繁殖期になると池や沼など水辺に集まります。そして、水面に張り出した木の枝などに登り、あわを出しながら中に卵を産みつけます。卵からかえったオタマジャクシは、しばらくあわの巣の中で過ごします。やがて、雨に当たってくずれるあわといっしょに水面に落ち、水中生活を始めます。

◀木の枝に産みつけられたモリアオガエルの卵のかたまり。

ミヤコタナゴ

分類	コイ目コイ科
全長	約6cm
分布	関東地方の一部
特記	国の天然記念物、国内希少野生動植物種、環境省レッドリスト絶滅危惧ⅠA類

ミヤコタナゴは、わき水があるような小川や池、沼などにすむ淡水魚です。東京都内で発見されたことから、「東京のタナゴ」という意味で「ミヤコタナゴ」と名づけられました。かつては関東地方で広く分布していましたが、都市開発などによる環境の悪化で生息数は激減しました。絶滅のおそれが最も高い種の1つとなっています。

減少する生息域

ミヤコタナゴは、1909年に東京大学附属植物園内の池で発見され、新種として発表されました。かつては関東地方の水田や小川などでごくふつうに見られましたが、すでに東京都、群馬県、神奈川県では絶滅し、埼玉県も絶滅寸前となっています。現在、野生として生息しているのは、千葉県と栃木県のごく一部です。

不思議な産卵

タナゴの仲間は、生きた二枚貝の中に卵を産むという、めずらしい習性をもっています。繁殖期になると、オスの体は「婚姻色」と呼ばれる美しい色に変わります。オス、メスとも産卵に適した条件のよい二枚貝を探し、見つけるとなわ張りを張ります。そして、メスが産卵管と呼ばれる管を二枚貝の中に差し入れ、貝の中に卵を産みつけます。

写真提供：栃木県なかがわ水遊園

ゆりかごになる二枚貝

ミヤコタナゴが卵を産みつけるのは、マツカサガイやヨコハマシジラガイなどの二枚貝です。貝の出水管（水などを出す管）に産卵管を入れて、エラ部分に卵を産みつけます。稚魚は、エラの中で卵からかえり、出水管から出ていきます。

▲マツカサガイ

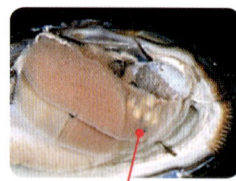

マツカサガイのエラの部分に産みつけられた卵。

写真提供：神奈川県水産技術センター　内水面試験場

コラム　もう1つの天然記念物　イタセンパラ

タナゴの仲間で国の天然記念物になっている魚にイタセンパラがいます。ミヤコタナゴと同様、日本固有種で、環境省レッドリスト絶滅危惧ⅠA類に掲載されるほか、国内希少野生動植物種にも指定されています。体長約10cmとタナゴ類の中では大型です。淀川水系、濃尾平野、富山平野にだけすんでいます。

北海道～九州にすむ

固有種

ギフチョウ

分類	鱗翅目（チョウ目）アゲハチョウ科
開長	48〜65mm
分布	本州（秋田県〜山口県）
特記	環境省レッドリスト絶滅危惧Ⅱ類

▲カンアオイの葉の裏に産みつけられたギフチョウの卵。

ギフチョウは、「春の女神」と呼ばれる美しいアゲハチョウの仲間です。その祖先は氷期を生きぬいた、アゲハチョウの中でも古いタイプの種といわれています。ほかのアゲハチョウに比べると体が少し小さく、飛び方もゆるやかです。カタクリやスミレ、サクラなどの花のみつをすい、カンアオイの葉の裏に卵を産みつけます。成虫は、年に一度だけ、春（3月下旬〜6月中旬）に発生します。

ヒメギフチョウとのちがいは？

ギフチョウの仲間は、世界に4種いて、日本にはギフチョウとヒメギフチョウの2種が生息しています。ギフチョウとヒメギフチョウはよく似ていますが、じっくり観察すると細かいちがいがあります。

ギフチョウ

前ばね先端の黄色の模様が内側にずれている。

後ろばねの外ふちの模様はオレンジ色。

先は太め。

ヒメギフチョウ

後ろばねの外ふちの模様はうすい黄色。

前ばね先端の黄色の模様がずれていない。

先は細め。

ヒメギフチョウは、ギフチョウよりも一回り小さな体をしています。

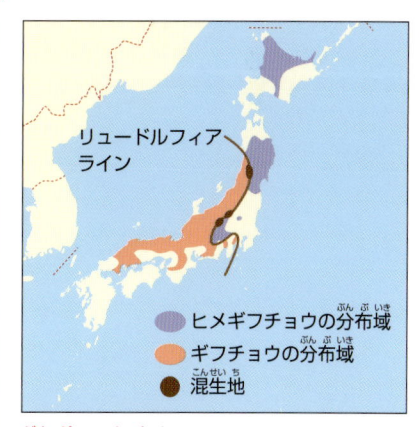

リュードルフィアライン

■ ヒメギフチョウの分布域
■ ギフチョウの分布域
■ 混生地

分布が明確なギフチョウとヒメギフチョウ

ギフチョウとヒメギフチョウの分布域ははっきりと分かれていて、その境界は「リュードルフィアライン（ギフチョウ線）」と呼ばれています。「リュードルフィア」はギフチョウの学名（属名）です。ただ、山形県や長野県には混生している地域があります。

ヤマドリ

分類	キジ目キジ科	分布	本州、四国、九州
全長	オス約125cm、メス約55cm		

　ヤマドリは、その名のとおり、山にすむ鳥です。キジの仲間ですが、キジに比べて羽の色が茶色っぽいことや、オスの尾羽が長いことが特徴です。オスは、さえずりのかわりに、つばさをふるわせて「ドドドドドッ…」という振動音を出します。古くから日本人に親しまれてきた鳥の1つで、和歌などによく登場します。

▶ウスアカヤマドリ

写真提供：平澤文啓

地域によって異なる羽の色

　ヤマドリは、本州、四国、九州にすんでいます。生息する地域によって羽の色や模様が異なり、5つの亜種に分けられます。羽の色は、南にいくほど赤みが増すといわれています。

キタヤマドリ／シコクヤマドリ／ウスアカヤマドリ／アカヤマドリ／コシジロヤマドリ

ビワコオオナマズ

分類	ナマズ目ナマズ科
全長	100〜120cm
分布	琵琶湖、琵琶湖から流出する河川

　ビワコオオナマズは、滋賀県の琵琶湖とそこから流出する淀川水系にだけすむ日本固有種です。日本産のナマズとしては最大で、大きいものになると体長120cm、体重20kg以上にもなります。大型の肉食魚で、琵琶湖の水生生物の中で食物連鎖の頂点※に立っています。

※琵琶湖の中で、ビワコオオナマズを食べる生き物はいないということ。

写真提供：滋賀県

固有の生き物が多い琵琶湖

　ビワコオオナマズがすむ琵琶湖は、およそ400万年という長い歴史をもつ湖で、世界でもめずらしい「古代湖」として知られています。古代湖は、何十万年もの間、周囲の水域から隔離されているような状態にあることから、独自の進化をとげた生き物が多いといわれています。
　琵琶湖には、ビワコオオナマズのほかにイワトコナマズとナマズ（マナマズともいう）がいます。イワトコナマズは琵琶湖とその北の余呉湖にすむ日本固有種です。

余呉湖／琵琶湖／滋賀県

▲イワトコナマズ　写真提供：滋賀県

北海道〜九州にすむ

固有種

モリアブラコウモリ

分類	翼手目（コウモリ目）ヒナコウモリ科
頭胴長	4.3〜5.3cm
体重	5〜9g
分布	本州、四国
特記	環境省レッドリスト絶滅危惧Ⅱ類

全国的にとても希少なコウモリで、これまでに生息が確認された数はごくわずかです。昼間は樹木の穴などをねぐらにし、夜に活動して昆虫類を食べること以外、くわしい生態はわかっていません。人家をすみかにするアブラコウモリ（イエコウモリ）とよく似ていますが、森林にすんでいる、毛の色がこいなどのちがいがあります。

写真提供：山口喜盛

アオゲラ

分類	キツツキ目キツツキ科
全長	29〜30cm
分布	本州以南

本州以南の平地から山地の林にすむ日本固有種です。背は灰色がかった緑色をしていて、頭とほおの一部が赤いのが特徴です。「緑のキツツキ」として知られています。ふだんは「キョッ、キョッ」と鳴き、飛び立つときに「ケレケレケレ」と大声で鳴きます。なわ張りを主張するときなどに、くちばしで木の幹をつついて音を出すドラミングをします。

アオダイショウ

分類	有鱗目ヘビ亜目ナミヘビ科
全長	110〜200cm
分布	北海道、本州、四国、九州とその周辺の島
特記	国の天然記念物（岩国のシロヘビ）

日本に広く分布する日本固有種のヘビです。低地から山地にかけての森林や水辺、農地などに生息しています。人家に近いところで暮らすことも多く、都市部でも緑の多い公園などで見られることがあります。地上や樹上で行動し、泳ぎもうまく、さまざまな環境に適応します。えものを長い胴体で巻きつけ、ゆっくりしめつけて丸のみします。

ムカシトンボ

分類	蜻蛉目（トンボ目）ムカシトンボ科
体長	約50mm
はねの長さ	約3cm
分布	北海道、本州、四国、九州

北海道から九州までほぼ全国に分布する日本固有種で、山間部の清流域にすんでいます。1億数千万年前に生息していたトンボの特徴を残していることから、「生きた化石」といわれています。この仲間は、日本ではこの1種、世界ではヒマラヤと中国にそれぞれ1種しか分布していない希少なトンボです。草木にとまるときにはねを閉じる習性をもっています。

イリオモテヤマネコ

分類	食肉目（ネコ目）ネコ科
頭胴長	約55cm
体重	3.4～4.3kg
分布	西表島
特記	国の特別天然記念物、国内希少野生動植物種、環境省レッドリスト絶滅危惧IA類

イリオモテヤマネコは、沖縄県の西表島にだけすむ野生のネコで、原始的なネコの特徴をもっていることで知られています。約300万年前、西表島など南西諸島が大陸とつながっていた時代に南からわたってきました。約20万年以上前、大陸から切りはなされた西表島に取り残され、原始的な姿のまま生き続けてきたと考えられています。生息数は100頭以下と非常に少なく、絶滅の危機にさらされています。

写真提供：西表野生生物保護センター

生き残った理由

西表島が大陸と陸続きだったころ、大陸にはイリオモテヤマネコの仲間がたくさんいました。その後、地殻変動や海水位の上昇などによって、西表島は大陸から分断され、島として孤立しました。いっぽう、大陸では進化した新種のヤマネコ類が、イリオモテヤマネコなど古いタイプの種をほろぼしていましたが、すでに島となった西表島に進出することはできませんでした。そのため、イリオモテヤマネコは、絶滅することなく、現在まで生きのびることができたのです。

亜熱帯の島・西表島にだけ生息

西表島は、日本の南端、台湾の東わずか200kmほどのところにあります。島の面積の90％が亜熱帯性の自然林におおわれ、沿岸はサンゴ礁に囲まれています。

西表島にしかいないイリオモテヤマネコは、世界中で最も分布域がせまいネコの仲間として知られています。

南西諸島にすむ

固有種

どんな暮らし？

イリオモテヤマネコは、主に標高200m以下の低地部分にすんでいます。シイやカシなどの自然林、マングローブなどの湿地林、海岸林など、さまざまな植物が入り混じる場所で活動しています。川や沢沿いなどをよく利用しますが、これは、えものとなる生き物がたくさんすんでいるからです。

多様な食べ物

イリオモテヤマネコが生きのびることができたのは、競合する肉食ほ乳類がいないことや、環境に適応した多様な食性を得たことなどが理由として挙げられます。

ふつう、ネコの仲間は、ネズミなど小型のほ乳類を食べますが、西表島にはそのような小動物は多くいません。かわりに、ほかでは見られない多様な動物がすんでいて、イリオモテヤマネコはそれらを食べて暮らしています。

イリオモテヤマネコがよく食べる動物

ほ乳類	ヤエヤマオオコウモリ、クマネズミ
鳥類	シロハラクイナ、シロハラ
は虫類	キノボリトカゲ、キシノウエトカゲ、サキシママダラ
両生類	サキシマヌマガエル、ヤエヤマハラブチガエル
昆虫類	マダラコオロギ
甲殻類	テナガエビ、カニ

▲ヤエヤマオオコウモリ（上）、シロハラクイナ（下）

どんな体？

イリオモテヤマネコは、イエネコに比べると一回り大きな体をしています。胴が長く、足やしっぽが太く、毛並みがあらいのが特徴です。

木登りと泳ぎが得意

多様な食べ物を得るために、イリオモテヤマネコが身につけたのは、ふつうのネコにはない能力です。木の上にいる動物をつかまえるため木登りをしたり、水の中にすむ動物をつかまえるために川を泳いだりします。ネコの仲間はふつう水をきらいますが、イリオモテヤマネコは大きな川を泳いでわたる姿が観察されています。

写真提供：西表野生生物保護センター

耳の形と耳の後ろ

耳は丸く、耳の後ろに白いまだらの部分があります。この白い部分は、ほとんどの野生ネコにありますが、イエネコにはありません。

目の周りと鼻

目の周りに白いふちどりがあります。目と目の間が広く、その間に縦じま模様があります。はば広い鼻をもっています。

20世紀最大の発見

古くから地元の人から「ヤママヤー」などと呼ばれ親しまれてきたイリオモテヤマネコが、新種として発見されたのは1965年。2年後、学会で報告され、20世紀最大の生物学的発見として世界中から注目を集めました。およそ300万年以上も前から西表島に生き続けてきたのですが、発見されたのはほんの50年ほど前なのです。

◀イリオモテヤマネコが発見され捕獲された場所。

43

アマミノクロウサギ

アマミノクロウサギは、南西諸島の奄美大島と徳之島にだけすむ、世界でもめずらしいウサギです。アマミノクロウサギの祖先が、大陸からわたってきたのは約1000万年前。500万〜150万年前に海水位が上がったため、アマミノクロウサギの祖先は奄美大島と徳之島の山間部に移動し、そのまま取り残されたと考えられています。島が孤立していたため、天敵となる肉食動物の侵入もなく、原始的な姿を残しながら、生き続けてきました。

分類	兎目（ウサギ目）ウサギ科
頭胴長	35〜55cm
体重	約2kg
分布	奄美大島、徳之島
特記	国の特別天然記念物、国内希少野生動植物種、環境省レッドリスト絶滅危惧ⅠB類

写真提供：宮山修

限られた地域にだけ生息

鹿児島県の奄美大島と徳之島にだけ分布しています。現在では、この2つの島の中でも、生息地は限られています。

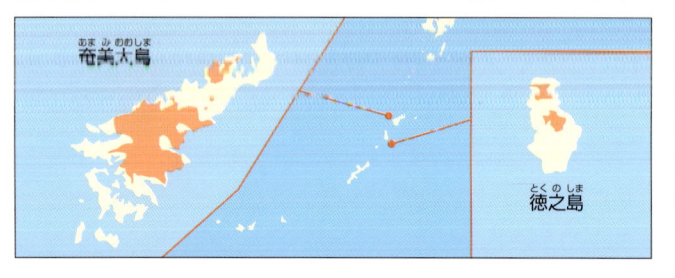

どんな暮らし？

アマミノクロウサギがすんでいるのは、シイやカシなどの常緑広葉樹の原生林です。深い谷の近くの、樹木の根元や岩のすきまなどを巣穴として利用しています。

夜行性で、さまざまな種類の植物の葉、くき、種子や、木の皮などを食べます。また、何日も同じ場所でフンをする「ためフン」をします。

南西諸島にすむ
固有種

ウサギらしくないウサギ！？

アマミノクロウサギは、ほかのウサギとはかなりちがう特徴をもっています。

小さい目

短い耳
アマミノクロウサギは、ほかのウサギに比べると、ずいぶん短い耳をしています。本州などにすむノウサギは、長い耳でいち早く危険を察知し、速く走ります。ウサギの耳は環境に適応して変化してきたのです。

黒褐色の縮れた毛

短くて太い足とがんじょうなつめ
アマミノクロウサギは、がっしりとした足とするどいつめをもっています。これは、巣穴を深くほったり、急な斜面でも登ったり下ったりするのに適しています。また、ジャンプ力が弱く、ほかのウサギのようにぴょんぴょんと2mもはねることはありません。

鳴き声を出す
アマミノクロウサギは、ウサギの仲間の中ではめずらしく、鳴き声を出すことで知られています。「ピシー」という高い声で鳴き、コミュニケーションを取りあっています。

おどろきの子育て法

アマミノクロウサギは、ユニークな子育てをすることでも知られています。

母ウサギは、自分の巣穴とは別に子ウサギ用の巣穴をつくり、2日に1回、巣穴をほり返して授乳を行います。授乳が終わって子ウサギが巣穴にもどると、母ウサギは20～30分もかけて入り口に土をかけて、穴をふさぎます。授乳のたびにこの行動をくり返します。

このように、入り口をふさいでしまうのは、ハブなどの天敵から子ウサギを守るためといわれています。

そして、およそ1か月半後、子ウサギは巣穴を出て、母ウサギの巣穴で過ごすようになります。

2日に1回授乳。

授乳後、入り口をふさぐ。

人がつくり出した敵

アマミノクロウサギは絶滅の危機に立たされています。その原因となっているのが、森林の伐採、マングースによる被害、ノイヌやノネコによる被害、交通事故などです。とくにマングースは、ハブを退治するために1979年に放たれましたが、以来、生息数を増やし、生息範囲を広げています。アマミノクロウサギだけでなく、奄美大島にすむ固有種を食べることもあり、被害は深刻です。

▲フイリマングース

写真提供：おきなわカエル商会

ハブ

ハブは、南西諸島にすむ日本固有種の毒ヘビです。人の命をうばうこともある、とても危険な動物です。となりあった島でも、生息している島としていない島があり、めずらしい分布をしていることで知られています。

▼「金ハブ」と呼ばれるホンハブ。
写真提供：熊井健

南西諸島（→P.12）の中でもまばらに分布

南西諸島の島々には、日本固有種のハブが4種生息しています。ホンハブ、トカラハブ、ヒメハブ、サキシマハブです。沖縄本島にはタイワンハブもいますが、これは沖縄本島中部にもちこまれたものがにげ出し、定着した外来種です。

地図：種子島、屋久島、トカラハブ、ホンハブ、ヒメハブ、奄美大島、徳之島、久米島、沖縄本島、西表島、石垣島、宮古島、サキシマハブ

まばらに分布している理由は？

ハブがまばらに分布しているのには、島の成り立ちが関係しています。
ハブの祖先は、数百万年前、南西諸島が大陸と陸続きだった時代に分布を広げていました。しかし、氷期が終わって海水位が上昇したときに、標高の低い島は水没し、そこにいたハブは絶滅しました。その後、海水面が下がると、標高が低い島も海面上に姿を現しますが、ほかの島で生き残ったハブがわたってくることはありませんでした。
このように、飛び石状にはなれた地域に分布していることを「隔離分布」といい、ハブはその代表例によく挙げられます。

南西諸島にすむ　固有種

ホンハブ

分類	有鱗目ヘビ亜目クサリヘビ科
全長	100〜200cm（最長240〜250cm）
分布	奄美群島（喜界島、沖永良部島、与論島を除く）、沖縄諸島（伊是名島、粟国島を除く）

多くのホンハブは、黄褐色に黒いあみ模様の入った体をしています。これは「金ハブ」と呼ばれ、これに対して、白っぽい色をしたものは「銀ハブ」と呼ばれています。体の色や模様は、生息する地域や個体、脱皮の状況によってちがいがあります。

◀「銀ハブ」と呼ばれるホンハブ。
写真提供：熊井健

頭の形
頭は、毒腺と毒をしぼり出す筋肉があるため横に広がり、三角形をしています。頭のてっぺんには、漢字の「八」の字の模様があります。

▲ホンハブの頭。
写真提供：熊井健

するどいきば
ハブは、長いきばの先端付近から黄色い毒液を出します。きばは、年に数回生え変わります。

▲きばの先端付近から毒液が出る。

ピット器官とヤコブソン器官
ハブをふくめヘビは耳がないうえ、目もあまり見えていません。そのかわり、ほかの動物にはない感覚器官をもっています。1つは、「ピット器官」という赤外線（熱）を感知する器官で、目の前のほおにあります。もう1つは、「ヤコブソン器官」という、においを感知する器官です。ヘビの仲間が舌を出し入れしているのは、舌先ににおいの物質を吸着させ、それを口の中のヤコブソン器官に運んで確認するためです。

ピット器官

トカラハブ

分類	有鱗目ヘビ亜目クサリヘビ科
全長	60〜100cm（最長約150cm）
分布	トカラ列島の宝島、小宝島
特記	環境省レッドリスト準絶滅危惧

写真提供：熊井健

トカラハブは、日本にいるハブの仲間の中で最も北に生息しています。ホンハブと似ているものもいますが、小型で背面の模様が小さいなどのちがいがあります。体の色は灰褐色や暗褐色、黒色などさまざまです。ホンハブよりも毒性が弱いことで知られています。

ヒメハブ

分類	有鱗目ヘビ亜目クサリヘビ科
全長	30〜80cm
分布	奄美群島（喜界島、沖永良部島、与論島を除く）、沖縄諸島（伊是名島、粟国島を除く）

写真提供：おきなわカエル商会

ヒメハブは、太短く、ずんぐりとした体形をしています。背面は、褐色をしていて、暗褐色の角ばった模様が入っています。毒性が弱く、性格もおとなしいうえ、動きもにぶいので、大きな被害は多くありません。しかし、一度かむとはなさないので、毒が体内に入る確率は高いといわれています。

サキシマハブ

分類	有鱗目ヘビ亜目クサリヘビ科
全長	60〜120cm
分布	八重山列島（与那国島、波照間島を除く）、沖縄本島南部（移入分布）

写真提供：熊井健

サキシマハブは、石垣島や西表島など八重山列島にすむハブです。ホンハブよりもあごが張っているため頭の三角形が大きく、くびれがはっきりしています。体の色や模様はさまざまで、なかには同じ種と思えない仲間もいます。性格は温和で、毒性はホンハブより弱いといわれています。

ヤンバルテナガコガネ

分類	甲虫目（コウチュウ目）コガネムシ科
体長	オス 50～65mm、メス 40～60mm
分布	沖縄本島北部
特記	国の天然記念物、国内希少野生動植物種、環境省レッドリスト絶滅危惧ⅠB類

写真提供：熊井健

　ヤンバルテナガコガネは、1983年に新種として発見された日本最大の甲虫です。沖縄本島北部の原始的な自然林にしか生息していない、とてもめずらしい昆虫です。その祖先は、沖縄本島が大陸と陸続きだった時代にわたってきて、その後、気候や地殻の変動などさまざまな環境の変化にたえながら生きぬいてきた遺存種と考えられています。現在は、森林の伐採やあとを絶たない密猟などによって絶滅が心配されています。

「やんばる」の森にだけ生息

　「やんばる（山原）」は沖縄地方の言葉で、沖縄本島北部の山や森林などが多く残された地域をいいます。
　ヤンバルテナガコガネは、とくに国頭村を中心に分布しています。

どんな暮らし？

　ヤンバルテナガコガネは、湿度の高い、うす暗い森の中で暮らしています。イタジイ（スダジイの沖縄での呼び名）やオキナワウラジロガシなどの大木の幹にできた穴の中で、一生を過ごします。幼虫は、この穴の中にある木くずを食べて育ち、3～4年かけて成虫になります。
　イタジイは亜熱帯の常緑広葉樹で、大きいものでは高さ約20m、幹の直径が約1mにもなります。やんばるの森を代表する木で、何百万年もの間、貴重な生き物たちの命を守り続けています。

▲ブロッコリーのようにもこもこした形が特徴のイタジイの森。

南西諸島にすむ 固有種

どんな体？
最も目を引くのは、名前の由来にもなっている長い手（前あし）です。

オス / **メス**

上ばねの色
光沢のある青銅色または光沢のある黒色をしていて、黄褐色の小さなはん点模様がついています。この模様は、虫によって異なり、オスよりメスのほうがはっきりしています。

立派なオスの前あし
オスだけがもつ長い前あし。長さは60～80mmと体よりも長く、スネの部分が大きく曲がっています。

2本の大きなとげ
長い前あしには、2本の大きなとげがあります。移動の役に立つだけでなく、戦うときの武器になっています。

写真提供：佐々木健志（琉球大学資料館・風樹館）

コラム　やんばるの森は、固有種の宝庫
イタジイを中心に形づくられているやんばるの深い森には、国や沖縄県指定の天然記念物や日本固有種など、貴重な動物が多く生息しています。
例えば、ヤンバルクイナ（→P.50）、ノグチゲラ（→P.51）、ケナガネズミ、アカヒゲ（→P.52）、リュウキュウヤマガメ（→P.53）、ナミエガエル（→P.53）、ハナサキガエル（→P.53）などです。

▶ケナガネズミ。日本最大のネズミ。背中に長い毛が生えている。

生息地が失われる
ヤンバルテナガコガネは、土地の開発にともなう森林伐採のえいきょうを受け、生息地を失いつつあります。
それ以上に深刻なのが、密猟者たちの心ない行動です。大木に登るためにくぎを打ちこんだり、幹を切り開いて木くずごと持ち帰ったりするなど、ヤンバルテナガコガネの数少ない生息環境を破壊しています。これ以上、やんばるの森があらされないようにさまざまな保護対策がとられていますが、密猟があとを絶たないのが現状です。

写真提供：佐々木健志（琉球大学資料館・風樹館）

ヤンバルクイナ

分類	ツル目クイナ科	特記	国の天然記念物、国内希少野生動植物種、環境省レッドリスト絶滅危惧ⅠA類
全長	約35㎝		
分布	沖縄本島北部		

ヤンバルクイナは、沖縄本島北部の「やんばる（山原）」の森にだけ生息する鳥です。1981年に新種として発表され、日本で唯一の「飛べない鳥」として有名になりました。空を飛ばずに森の中を歩き回り、夜は木の枝の上でねむるという、めずらしい習性をもっています。生息環境の悪化や、マングースやノネコの捕食などにより、絶滅が心配されています。

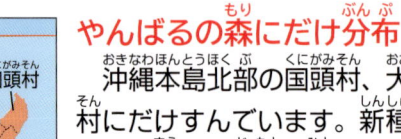

やんばるの森にだけ分布

沖縄本島北部の国頭村、大宜味村、東村にだけすんでいます。新種として確認される前から地元の人にはその存在が知られていて、「アガチ（あわて者）」や「ヤマドゥイ（山の鳥）」と呼ばれていました。

飛ばなくなったのはなぜ？

ヤンバルクイナが空を飛ばなくなったのは、やんばるの森に適応したからだと考えられています。沖縄本島にはもともと天敵となる肉食のほ乳類がいないうえ、地上には食べ物となる生き物が豊富にいたため、ヤンバルクイナは空を飛ぶ必要がありませんでした。そのため、つばさよりも足が発達し、地上生活に適した体のつくりになっていったのです。

写真提供：おきなわカエル商会

どんな体？

あざやかな赤いくちばしと足がとても印象的です。胸から腹にかけては白と黒のしま模様、上部の羽毛は暗黄褐色をしています。つばさは小さく、つばさを動かす筋肉も発達していません。

するどいくちばし
太くて大きなくちばしの長さは約5㎝。先端はするどく、土をほじくり返したり食べ物をつまみ出したりするのに役立ちます。

太くてがんじょうな足
がっしりとした足の長さは約6.5㎝。筋肉がとても発達していて、原生林の中を自在に走り回ることができます。そのスピードは、時速30〜40㎞にもなるといわれています。また、夜、木に登るときも、このたくましい足で幹をとらえながら登っていきます。

木の上でねむる

ヤンバルクイナは、夜になると木に登ってねむります。木にとまって休むのは鳥本来の行動です。この習性は、無防備でねむっているところを、ハブなど危険な地上の動物におそわれにくくすることに役立っています。

▲ねぐらは木の上。夫婦そろって同じ枝で休むこともある。
写真提供：おきなわカエル商会

ノグチゲラ

南西諸島にすむ　固有種

分類	キツツキ目キツツキ科	特記	国の特別天然記念物、国内希少野生動植物種、環境省レッドリスト絶滅危惧ⅠA類
全長	約31cm		
分布	沖縄本島北部		

　ノグチゲラは、沖縄本島北部に広がるやんばるの森にしかいないキツツキの仲間です。生息数は数百羽と非常に少なく、地球上で最も生息数が少ない鳥の1つといわれています。土地開発による森林伐採などで生息場所がせまくなっているほか、マングースやノネコ、ハシブトガラスにおそわれることが多く、絶滅の危険性がきわめて高いといわれています。

限られた森にすむ貴重な種

　ノグチゲラは、イタジイやタブノキが密生する原生林に暮らしています。昔から地元では「キータタチャー」（木をたたく者）などと呼ばれ、沖縄県の県鳥、東村の村鳥になっています。

どんな体？

　全体的に黒褐色をしていますが、背や下腹部は赤みを帯びていて、日光に照らされるとあざやかにかがやきます。オスとヒナの頭のてっぺんは赤いのが特徴です。つばさには白いはん点があります。

どんな暮らし？

　ノグチゲラは、相手がいなくならない限り、同じパートナーで繁殖を行い、巣づくりから子育てまですべてを夫婦協同で行います。
　3月、ノグチゲラの夫婦は、かれかけた木などを選び、くちばしでつついて穴をほり、巣をつくります。そこで卵を産み、夫婦で交代しながら温めます。ヒナの世話も夫婦で協力しあって行います。食べ物のとり方はオスとメスでちがっていて、オスは地上に下りて地中にいる虫などをとり、メスは木の幹にすむ虫をとります。

▲夫婦協同で子育てをする。

地上は危険がいっぱい

　ノグチゲラが、地上に下りて土をほり返し、地中の虫などをとる行動は、キツツキの仲間としてはめずらしいことといわれています。これは、昔、やんばるの森には肉食のほ乳類がおらず、安心して食べ物を探せる環境だったことを表しています。しかし、今は、木から下りてきたところを、マングースという外来種やノネコにおそわれることが多く、独自の進化をとげたノグチゲラにはとても生きにくい環境になってしまいました。

ルリカケス

分類	スズメ目カラス科	分布	奄美大島、加計呂麻島 など
全長	約38cm	特記	国の天然記念物

ルリカケスは、奄美大島とその近くの島にだけすむ日本固有種です。名前のとおり、頭やつばさ、尾羽があざやかなるり色(群青色)をしていて、背や腹の赤茶色との対比が美しい鳥です。主にイタジイやタブノキなどからなる深い森にすみ、木の実や昆虫類などを食べます。見つけた食べ物は、その場で食べず、のどにあるふくろにつめこんで別の場所に運んでかくす「貯食行動」をとることで知られています。

写真提供：川辺純

アカヒゲ

分類	スズメ目ヒタキ科
全長	約14cm
分布	南西諸島、男女群島（長崎県）
特記	国の天然記念物、国内希少野生動植物種、環境省レッドリスト絶滅危惧Ⅱ類

3亜種(アカヒゲ、ホントウアカヒゲ、ウスアカヒゲ)からなるアカヒゲは、南西諸島と男女群島にすむ日本固有種です。オスは、頭から尾にかけてオレンジ色がかった赤色をしていて、顔の下半分から胸にかけての黒い模様がひげのように見えることから、この名がついたといわれています。さえずりが美しく、繁殖期になると、声量のあるすんだ声が森中にひびきわたります。

写真提供：川辺純

サキシマカナヘビ

分類	有鱗目トカゲ亜目カナヘビ科	分布	八重山列島（石垣島、西表島、黒島、小浜島）
全長	25〜32cm	特記	環境省レッドリスト絶滅危惧Ⅱ類

サキシマカナヘビは、南西諸島の西部、八重山列島にだけすむ日本固有種です。国内で最大のカナヘビで、しっぽがとても長く、体の4分の3ほどもあります。幼体は草の上などで暮らしますが、成体になると樹上へと生活の場を移します。長いしっぽで上手にバランスをとりながら、木の上を移動します。日本固有種のカナヘビは、このほかにニホンカナヘビ、アオカナヘビ、ミヤコカナヘビがいます。

写真提供：石垣島フィールドガイドSeaBeans

ミヤコヒメヘビ

分類	有鱗目ヘビ亜目ナミヘビ科	分布	宮古島、伊良部島
全長	16〜20cm	特記	環境省レッドリスト絶滅危惧ⅠB類

宮古島と伊良部島にだけすむ日本固有種で、日本産のヘビの中では最小の種の1つです。乾燥に弱く、落ち葉やかれ木の下などしめった場所で暮らしています。頭が小さくて首の部分のくびれがなく、比較的目が大きいのが特徴です。背は赤茶色で、光が当たるとかがやきます。日本固有種のヒメヘビは、このほかに与那国島にすむミヤラヒメヘビがいます。

写真提供：木寺法子

南西諸島にすむ固有種

イシガキトカゲ

分類	有鱗目トカゲ亜目トカゲ科	分布	八重山列島（石垣島、西表島、黒島、新城島、鳩間島、小浜島、竹富島、波照間島）
全長	約15cm	特記	環境省レッドリスト準絶滅危惧

八重山列島にだけ分布する日本固有種で、国内にいるトカゲの中では最も小型のトカゲです。体全体につやがあり、あざやかな青色のしっぽをもっているのが特徴です。背にうすい黄色の縦線が5～7本あり、成長するにつれてうすくなったり消えたりすることがあります。海岸近くから山間部までさまざまな場所にすみ、主に昆虫類やクモ類などを食べます。

リュウキュウヤマガメ

分類	カメ目イシガメ科	分布	沖縄本島北部、久米島、渡嘉敷島
甲長	13～16cm	特記	国の天然記念物、環境省レッドリスト絶滅危惧Ⅱ類

沖縄本島北部、久米島、渡嘉敷島にだけすむ、地上性のヤマガメの仲間です。こうらに3本のもり上がった線（キール）があることと、こうらのふちがのこぎりのようにギザギザになっていることが特徴です。ミミズや昆虫類、陸産貝類などのほか、植物の芽や実なども食べます。陸上でも水中でも生活できますが、高温と乾燥に弱く、主に森林のしめった場所や水辺で活動します。

写真提供：おきなわカエル商会

ナミエガエル

分類	無尾目（カエル目）アカガエル科
体長	オス 7.9～11.7cm、メス 7.2～9.1cm
分布	沖縄本島北部
特記	環境省レッドリスト絶滅危惧ⅠB類

ナミエガエルは、大きな頭と太い足をもつ、ずんぐりとした体形のカエルです。やんばるの森を流れる渓流付近にだけすむ日本固有種です。背に数本のもり上がったしわ、体のわきにいぼのようなものがあるほか、ひとみがひし形をしているのが特徴です。古いタイプの種で、進化のしくみが研究できる、学術的に貴重なカエルとされています。

写真提供：おきなわカエル商会

ハナサキガエル

分類	無尾目（カエル目）アカガエル科
体長	オス 4.2～5.5cm、メス 6.5～7.2cm
分布	沖縄本島北部
特記	環境省レッドリスト絶滅危惧Ⅱ類

沖縄本島北部の限られた地域にしか生息していない日本固有種です。足が長く、スマートな体形をしていて、ジャンプ力にすぐれています。体の色は、茶色タイプ、緑色タイプ、部分的に緑色が出るタイプなどさまざまです。産卵は12月下旬から2月下旬にかけて、毎年特定のたきつぼに集まって集団で行います。ほかのカエルと比べて鼻の穴が顔の先にあることから、この名がついたといわれています。

写真提供：おきなわカエル商会

オガサワラオオコウモリ

分類	翼手目（コウモリ目）オオコウモリ科	分布	小笠原諸島（父島、母島、北硫黄島、硫黄島、南硫黄島）
頭胴長	20～25cm	特記	国の天然記念物、国内希少野生動植物種、環境省レッドリスト絶滅危惧IB類
体重	390～440g		

　オガサワラオオコウモリは、小笠原諸島にすむ唯一の野生のほ乳類です。大昔、はるか遠くから海をこえ、小笠原にたどり着いたと考えられています。かつては数多く生息していましたが、父島では1970年代に絶滅したと思われるほど激減しました。現在は多少生息数は増えましたが、森林の減少などにともない、絶滅が心配されているのには変わりありません。日本にはたくさんのコウモリの仲間がいますが、日本固有種のオオコウモリは、オガサワラオオコウモリと南西諸島にいるクビワオオコウモリだけ※です。

※かつてはオキナワオオコウモリも生息していたが絶滅。

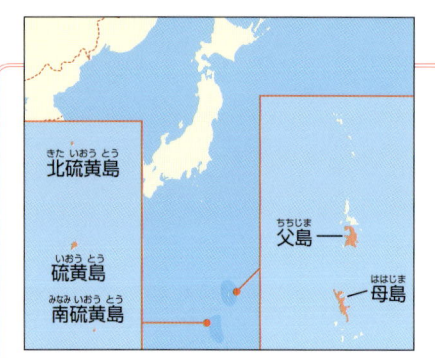

限られた島にすむ

　これまでオガサワラオオコウモリの生息が確認されていたのは、父島、母島、火山列島（北硫黄島・硫黄島・南硫黄島）です。現在、最も多く生息しているのは父島といわれています。

どんな体？

　オガサワラオオコウモリの全身は暗褐色の毛でおおわれ、わずかに白銀色や金色の毛が交じっています。目が大きく、視覚と嗅覚が発達しています。

目
暗やみでもよく見えます。ボールのように少し飛び出ています。

かぎづめ
人間でいうと親指にあたる部分にかぎづめがあり、ものを引っかけたり引き寄せたりするのに便利です。

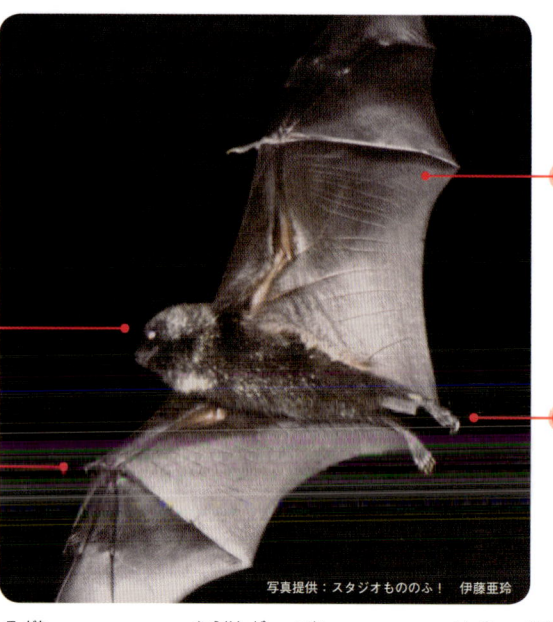

つばさ
つばさはうすい皮ふでできている膜で、ゴムのようにのび縮みします。つばさを広げると1m近くになるものもいます。

足
足の指は5本あります。指先にはするどいつめがあり、しっかりとものをつかむことができます。

写真提供：スタジオもののふ！ 伊藤亜玲

　小型のコウモリは超音波を使ってものの位置を確認します。しかし、オオコウモリの仲間は、暗くても目（視覚）と鼻（嗅覚）を使って食べ物を探します。

小笠原諸島にすむ
固有種

写真提供：尾園暁

🏠 どんな暮らし？

オガサワラオオコウモリは森林にすんでいます。父島や母島では夜行性で、昼間は木にぶら下がって休みます。決まった巣をもたず、季節や気候によって休む場所を変えます。冬の間は群れになり、体を寄せあうようにして休みます。群れになることで、寒さを防いでいるのではないかと考えられています。

◀群れになって休むオガサワラオオコウモリ。

写真提供：尾園暁

🍽 どんな食べ物？

オガサワラオオコウモリは、果実や花のみつ、葉などを食べます。ただし、実や葉をすべて食べるわけではありません。口の中でかみ、果汁や水分だけを飲みこんで、残りをはき出します。このはき出したものは「ペレット（ペリット）」と呼ばれ、生息を確認するときなどにも役立ちます。

写真提供：軽井沢 ピッキオ
◀モモタマナの実とペレット（下部、3つの茶色のかたまり）。

55

メグロ

分類	スズメ目メジロ科
全長	約14㎝
分布	小笠原諸島（母島、向島、妹島）
特記	国の特別天然記念物

メグロは、小笠原諸島の中でも母島列島の3島にしかいない1属1種の鳥です。世界中でもめずらしい鳥の1つとして知られています。小笠原諸島には固有種の陸生野鳥は4種いましたが、すでに3種が絶滅してしまい、メグロだけが生き残っています。主な生息地の母島では、ごくふつうに観察されますが、開発などによる生息地の減少により、絶滅が心配されています。

写真提供：尾園暁

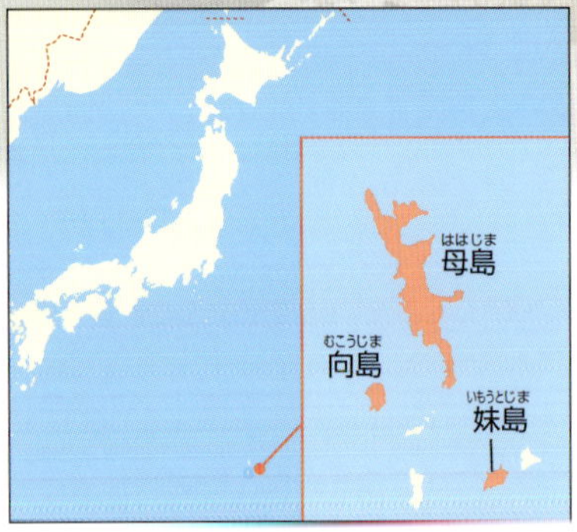

限られた孤島にだけ分布

小笠原諸島は、東京から南南東へ約1000㎞のところにある亜熱帯の島々です。メグロは、小笠原諸島の中でも、母島、向島、妹島にしか分布していません。

島ごとに進化

母島列島は、島どうしの間がそれほどはなれていないにもかかわらず、メグロが生息する島としない島があります。また、母島、向島、妹島に生息するメグロの遺伝子は、島ごとにちがいがあることがわかりました。このことから、メグロは島を行き来することなく、それぞれの島で独自の進化をとげていると考えられています。

▲母島と数㎞しかはなれていない向島（奥）。

小笠原諸島にすむ固有種

どんな体？

メグロはスズメくらいの大きさの鳥です。背は黒っぽい緑色、顔と腹は黄色、わきは緑褐色をしています。

長くてするどいくちばし
同じくらいの大きさの鳥に比べると、長くてするどいくちばしをしています。小さな昆虫や幼虫をついばんだり、木の皮をつついてはがしたりするときに役立ちます。

目立つ黒い模様
目の周りに黒い逆三角形の模様があるのが特徴です。これは、姿が似ているメジロと大きく異なる点で、名前の由来にもなっています。また、額には「T」字形の模様が入っています。メジロと同じように、目の周りには白いふちどりがあります。

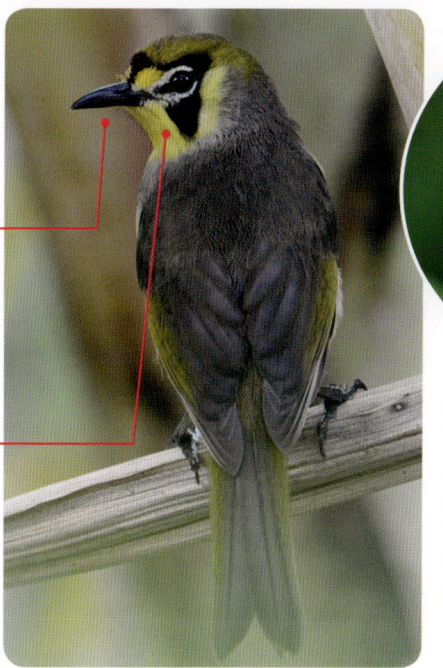

写真提供：尾園暁

丸みを帯びたつばさ
メグロのつばさは、全体的に丸みを帯びています。これは、森の木々の間を飛び回るのに便利ですが、長きょりを飛ぶのには向かない形といわれています。

どんな暮らし？

メグロは、太平洋にうかぶ小さな孤島で、厳しい気象条件や環境の変化に適応しながら生きぬいてきました。
その適応性を示す1つの例が食べ物です。1800年代、人が移り住み、開拓が始まりました。それまでは食べ物を取りあう相手がいなかったメグロですが、森林の伐採が始まってからは、あらゆる環境に進出し、さまざまなものを食べるようになりました。人が栽培したパパイヤや人がもちこんだガジュマルの実も好物にしました。長い時間をかけて何でも食べる習性を身につけ、したたかに生き続けてきたのです。

▲パパイヤを食べるメグロ。

コラム　絶滅した固有種の鳥たち

1800年代、人間が開拓のために小笠原諸島に移り住み、森林伐採を始めました。そのえいきょうで、オガサワラカラスバト、オガサワラガビチョウ、オガサワラマシコの3種の鳥が絶滅してしまいました。

▲オガサワラカラスバト 　　▲オガサワラガビチョウ 　　▲オガサワラマシコ

陸産貝類

分布	小笠原諸島
特記	国の天然記念物、環境省レッドリスト絶滅危惧Ⅰ・Ⅱ類

◀オガサワラオカモノアラガイ。体を守る必要がないため、からが退化していると考えられている。

写真提供：柳沼聡

　小笠原諸島には、その島でしか見られない、貴重な生き物がたくさんいます。その代表として挙げられるのが陸産貝類（カタツムリの仲間）です。小笠原の陸産貝類はおよそ100種が記録され、外来種を除く90％以上が固有種です。また、固有種だけでなく固有属とされるものも多く、少なくとも7属はあるといわれています。環境に適応しながら今なお変化し続ける様子から、進化の過程を見ることができます。

カタマイマイ属

　小笠原の陸産貝類の中でも、とくにカタマイマイ属は生息環境に応じて変化をとげ、多くの種に分かれた属として知られています。

▲カタマイマイ（父島）　写真提供：千葉聡（東北大学）

ルーツは？

　カタマイマイ属の祖先は、およそ300万年前、本土からたまたま小笠原にたどり着いた日本のマイマイ属です。祖先は、島の環境に適応した結果、もとのマイマイ属とはまったくちがう特徴をもつ種になりました。

▲キノボリカタマイマイ（父島）
写真提供：千葉聡（東北大学）

どんな体？

　「カタマイマイ」という名前は、とてもかたいからをもつことからついたといわれています。からは海の貝のようにかたくてずっしりとしていて、表面はつややかでさまざまな色や模様がついています。

小笠原諸島にすむ固有種

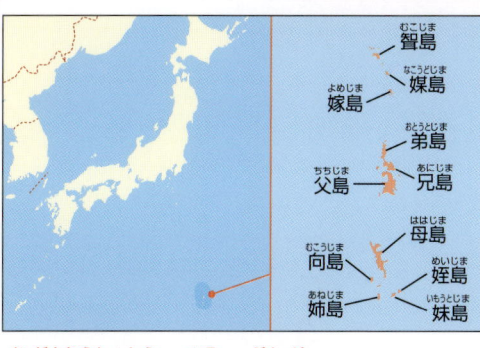

キバオカチグサガイ属

カタマイマイ属

小笠原諸島に広く分布

陸産貝類は、小笠原諸島に広く分布しています。代表的なカタマイマイ属は、父島を発端に分布が広まったと考えられています。父島で種が分かれたあと、1つの系列が聟島へ移住。もう1つの系列が母島へ移住し、それぞれの地で樹上性・地上性などに分化していったと考えられています。

7つの固有属

小笠原の陸産貝類には、絶滅したものをふくめて、7つの固有属があります。

写真提供：千葉聡（東北大学）

オガサワラヤマキサゴ属

テンスジオカモノアラガイ属

エンザガイ属

オガサワラキセルガイモドキ属

エンザガイモドキ属（絶滅）

◀オトメカタマイマイ（母島）
▼アケボノカタマイマイ（母島）

写真提供：千葉聡（東北大学）

どんな種類？

カタマイマイ属は、食べるものや食べる場所、休眠する場所が種によってちがいます。例えば、木の上にすんで葉を食べる樹上性の種、地表で落ち葉を食べる地上性の種、木の上と地表を行き来する半樹上性の種に分かれます。それぞれの生活様式に適応して、より効果的な姿形になったのです。※

※地上性の種が2種共存する場合、さらに落ち葉の上で休眠する表生の種と落ち葉の下で休眠する底生の種に分かれる。

生活様式に適応した姿形

樹上性はうすい色をしているのに対して、地上性は土色をしているのがわかります。からは、樹上性は背の高い小型、半樹上性は平たい形、地上性は背の高い大型という特徴が見られます。

▶上からヒメカタマイマイ（樹上性）、ヒメカタマイマイ（半樹上性）、カグラカタマイマイ（地上性〈表生〉）、ヌノメカタマイマイ（地上性〈底生〉）。

樹上性

半樹上性

地上性（表生）

地上性（底生）

写真提供：千葉聡（東北大学）

編集協力：千葉聡（東北大学）

オガサワライトトンボ

分類	蜻蛉目（トンボ目）イトトンボ科	分布	小笠原諸島
はねの長さ	18～21mm	特記	国の天然記念物、環境省レッドリスト絶滅危惧Ⅱ類

オガサワライトトンボの成虫は、小笠原諸島のうす暗い山間部の渓流周辺にすんでいます。1970年代まではごくふつうに見られましたが、生息環境の悪化や外来トカゲのグリーンアノール（→P.61）による捕食、干ばつのえいきょうなどにより、急激に生息数が減っています。幼虫（ヤゴ）は池や沼、流れがゆるやかな川など、水のよどんだ場所にすんでいます。

写真提供：尾園暁

オガサワラトンボ

分類	蜻蛉目（トンボ目）エゾトンボ科	分布	小笠原諸島
はねの長さ	31～36mm	特記	国の天然記念物、国内希少野生動植物種、環境省レッドリスト絶滅危惧ⅠA類

オガサワラトンボは、もともと父島、兄島、弟島、母島、姉島を中心に生息していましたが、近年確認されているのは、兄島と弟島だけです。幼虫（ヤゴ）は、池や小川のふちなど水の動きが少ない場所にすみ、成虫はその上を中心になわ張りを張ります。体は暗い緑色で、金属のようににぶく光っています。現在は、弟島に人工のトンボ池が設置され、生息数が保たれています。

写真提供：尾園暁

シマアカネ

分類	蜻蛉目（トンボ目）トンボ科	分布	小笠原諸島
はねの長さ	29～31mm	特記	国の天然記念物、環境省レッドリスト絶滅危惧Ⅱ類

シマアカネは、かつて小笠原諸島全体に生息していましたが、現在は兄島や弟島など無人島でしか確認されていません。オスの腹部はあざやかなあかね色をしていて、メスのほとんどは褐色をしています。アカトンボに似ていますが、ほかに仲間のいない1属1種です。飛びながら腹部の後ろを水面に打ちつけて産卵する習性をもっています。

写真提供：尾園暁

ハナダカトンボ

分類	蜻蛉目（トンボ目）ハナダカトンボ科	分布	小笠原諸島
はねの長さ	23～26mm	特記	国の天然記念物、国内希少野生動植物種、環境省レッドリスト絶滅危惧ⅠB類

小笠原諸島の弟島、兄島、母島にすむ日本固有種のトンボです。ほかのトンボに比べて、額が前につき出ていて鼻が高いように見えることから、「ハナダカ」という名がつきました。森の中の暗く流れの速い渓流で、幼虫（ヤゴ）を見ることができます。成虫のメスは、水辺にある、しめり気のあるかれ木などにとまり、その中に卵を産みつけます。

写真提供：尾園暁

小笠原諸島にすむ固有種

オガサワラシジミ

分類	鱗翅目（チョウ目）シジミチョウ科
開長	約25mm
分布	小笠原諸島
特記	国の天然記念物、国内希少野生動植物種、環境省レッドリスト絶滅危惧ⅠA類

　オガサワラシジミは、小笠原諸島にだけ分布するシジミチョウです。かつては、弟島、兄島、母島、姉島、父島で生息していましたが、近年は母島でしか確認されていません。ふつう、チョウの幼虫は決まった植物の葉を食べますが、オガサワラシジミの幼虫は季節によって、コブガシ類※をはじめ、さまざまな植物の花を食べます。はねの先が少しとがっているのが特徴で、オスは青紫色、メスは藍色をしています。

※小笠原諸島固有の常緑樹。

写真提供：尾園暁

オガサワラクマバチ

分類	膜翅目（ハチ目）コシブトハナバチ科
体長	約25mm（メス）
分布	小笠原諸島
特記	国の天然記念物、環境省レッドリスト準絶滅危惧

　オガサワラクマバチは、小笠原諸島にだけ生息するクマバチです。本土のクマバチに比べて大型で、羽音も大きいことで知られています。メスは全身ほぼ真っ黒で、はねの色も黒褐色をしています。それに対して、オスは黄色の長い毛でおおわれていて、同じ種とは思えない姿をしています。かれた木に穴を開けて巣をつくる習性をもっています。

写真提供：尾園暁

オガサワラセスジゲンゴロウ

分類	甲虫目（コウチュウ目）ゲンゴロウ科
体長	約5mm
分布	小笠原諸島
特記	国の天然記念物

　オガサワラセスジゲンゴロウは、父島、兄島、母島にだけすむ日本固有種です。ゲンゴロウの中でも小型で、成虫になっても5mmほどしかありません。背（はね）にスジが入っていることから、「セスジゲンゴロウ」と名づけられました。現在、国の天然記念物に指定されているゲンゴロウの仲間は、このオガサワラセスジゲンゴロウだけです。

写真提供：尾園暁

コラム　固有種を絶滅に追いこむ　グリーンアノール

　小笠原諸島の生態系を乱す生き物として真っ先に挙げられるのがグリーンアノールです。グリーンアノールは、もともとアメリカに分布するトカゲで、ペットとして持ちこまれたり荷物の中にまぎれていたりしたものがにげ出し、父島や母島で大繁殖しました。食べ物は昆虫類で、シマアカネやオガサワラトンボなどのトンボ類、オガサワラシジミなどのチョウ類を食べるため、貴重な種を絶滅の危機に追いこんでいます。すでに分布が拡大している島での駆除と、周辺の島への分布拡大防止が課題となっています。

さくいん

※太字はくわしく説明しているページです。

あ

- アオカナヘビ……52
- アオゲラ……**41**
- アオダイショウ……9・**41**
- アカイシサンショウウオ……31
- アカヒゲ……49・**52**
- アカヤマドリ……40
- 亜寒帯(冷帯)……14・15
- アケボノカタマイマイ……59
- 亜高山帯……15
- 亜種……22・32・33・35・40・52
- アズマモグラ……11・**35**
- アズミトガリネズミ……34
- 亜熱帯……14・15・48・56
- アブラコウモリ(イエコウモリ)……41
- アベサンショウウオ……31
- アマミノクロウサギ……9・12・13・16・26・**44〜45**
- 生きた化石……18・41
- イシガキトカゲ……**53**
- イシヅチサンショウウオ……31
- 遺存種……18・48
- イタジイ……48・49・51・52
- イタセンパラ……16・38
- 1属1種……18・56・60
- イモ洗い行動……29
- イリオモテヤマネコ……9・12・16・**42〜43**
- イワトコナマズ……40
- ウスアカヒゲ……52
- ウスアカヤマドリ……40
- エゾオコジョ……22
- エゾサンショウウオ……31
- エゾシカ……13
- エゾモモンガ……33
- エゾユキウサギ……26
- エゾリス……32
- エチゴモグラ……35
- エンザガイ属……59

- エンザガイモドキ属……59
- 大揚沼(岩手県)……37
- オオイタサンショウウオ……31
- オオサンショウウオ……9・16・**30〜31**
- オオダイガハラサンショウウオ……31
- オガサワライトトンボ……**60**
- オガサワラオオコウモリ……16・**54〜55**
- オガサワラオカモノアラガイ……58
- オガサワラガビチョウ……57
- オガサワラカラスバト……57
- オガサワラキセルガイモドキ属……59
- オガサワラクマバチ……**61**
- オガサワラシジミ……16・**61**
- オガサワラセスジゲンゴロウ……**61**
- オガサワラトンボ……16・**60**・61
- オガサワラマシコ……57
- オガサワラヤマキサゴ属……59
- オキサンショウウオ……31
- オキナワウラジロガシ……48
- オキナワオオコウモリ……54
- オキノウサギ……26
- オトメカタマイマイ……59
- オリイジネズミ……34

か

- かぎづめ……19・25・54
- カグラカタマイマイ……59
- 隔離分布……46
- 角輪……21
- カスミサンショウウオ……30・31
- カタマイマイ……58
- カタマイマイ属……58・59
- 滑空……24・25・33
- カヤクグリ……**36**
- ガラパゴス(諸島)……9
- カワネズミ……34
- カンアオイ……39

- 寒帯……15
- 間氷期……11
- キール……53
- キタヤマドリ……40
- キタリス……32
- キシノウエトカゲ……43
- キノボリカタマイマイ……58
- キノボリトカゲ……43
- キバオカチグサガイ属……59
- ギフチョウ……9・**39**
- キュウシュウノウサギ……26
- 金ハブ……46・47
- 銀ハブ……47
- クビワオオコウモリ……54
- クマネズミ……43
- グリーンアノール……60・61
- クロサンショウウオ……30・31
- ケナガネズミ……12・49
- ケラマギャップ(蜂須賀線)……12
- 高山帯……15
- 降水量……14
- コウベモグラ……35
- コガタブチサンショウウオ……31
- コシジロヤマドリ……40
- 古代湖……40
- 婚姻色……38

さ

- サキシマカナヘビ……**52**
- サキシマヌマガエル……43
- サキシマハブ……46・**47**
- サキシママダラ……43
- サドノウサギ……26
- サドモグラ……35
- 山地帯……15
- シコクヤマドリ……40
- シマアカネ……**60**・61
- ジャイアントパンダ……21
- 社寺林……24
- 照葉樹林……15
- 常緑針葉樹林……15
- 食物連鎖……40
- シロハラ……43
- シロハラクイナ……43

進化論……………………9	ニホンジネズミ……………34	マダラコオロギ……………43
シントウトガリネズミ	ニホンノウサギ………11・**26〜27**	マツカサガイ………………38
(ホンシュウトガリネズミ)……**34**	ニホンモモンガ…………25・**33**	マングース……………45・50・51
生物多様性…………………8	ニホンヤマネ………9・11・**18〜19**	ミズラモグラ………………35
センカクモグラ……………35	ニホンリス…………………**32**	ミゾゴイ………………16・36
	ヌノメカタマイマイ………59	ミヤコカナヘビ……………52
た	ノグチゲラ……………16・49・**51**	ミヤコタナゴ…………9・16・**38**
タイワンハブ………………46		ミヤコヒメヘビ……………**52**
タイワンリス………………32	**は**	ミヤラヒメヘビ……………52
多雨林………………………15	ハクバサンショウウオ……31	ムカシトンボ………………**41**
タブノキ…………………51・52	ハコネサンショウウオ…30・31	ムササビ(ホオジロムササビ)
ためフン……………………44	ハシブトガラス……………51	………9・11・13・**24〜25**・33
暖温帯………………………15	ハナサキガエル…………49・**53**	メグロ……………………9・**56〜57**
チャールズ・ダーウィン……9	ハナダカトンボ…………16・**60**	モグラ塚……………………35
チョウセンイタチ………22・23	ハブ……………13・45・**46〜47**・50	モリアオガエル…………9・**37**
貯食(行動)………………32・52	パラミス……………………24	モリアブラコウモリ………16・**41**
ツクバハコネサンショウウオ	針状軟骨……………………25	モンスーン…………………14
……………………30・31	反すう………………………21	
ツシマサンショウウオ……31	ヒグマ………………………13	**や**
ツンドラ……………………15	ヒダサンショウウオ……30・31	ヤエヤマオオコウモリ……43
低山帯………………………15	ピット器官…………………47	ヤエヤマハラブチガエル…43
低木林………………………15	ひづめ………………………21	ヤクシマザル(ヤクザル)……28
テナガエビ…………………**43**	飛膜………………………25・33	ヤコブソン器官……………47
テンスジオカモノアラガイ属…59	ヒミズ………………………35	ヤマドリ……………………9・**40**
トウキョウサンショウウオ	ヒメカタマイマイ…………59	ヤンバルクイナ
……………………30・31	ヒメギフチョウ……………39	………9・12・16・49・**50**
動物地理区…………………12	ヒメハブ………………46・**47**	ヤンバルテナガコガネ……**48〜49**
トウホクサンショウウオ…31	ヒメヒミズ…………………35	ヨコハマシジラガイ………38
トウホクノウサギ………26・27	氷期………11・20・30・35・39・46	
トカラ構造海峡…………12・13	ビワコオオナマズ…………**40**	**ら**
トカラハブ……………16・46・**47**	フイリマングース…………45	落葉広葉樹林………………15
トガリネズミ(類)………11・34	ブチサンショウウオ………31	陸産貝類……………………9・**58〜59**
特産種………………………8	ブラキストン線…………13・33	リュウキュウヤマガメ
	ベッコウサンショウウオ…30・31	……………………16・49・**53**
な	平伏沼(福島県)……………37	リュードルフィアライン
ナキウサギ…………………13	ペレット(ペリット)………55	(ギフチョウ線)……………39
ナマズ(マナマズ)…………40	ほおぶくろ…………………29	ルリカケス……………13・**52**
ナミエガエル………16・49・**53**	北限のサル…………………28	冷温帯………………………15
ニホンイタチ………………**22〜23**	ホクリクサンショウウオ…31	
ニホンカナヘビ……………52	ホントウアカヒゲ…………52	**わ**
ニホンカモシカ	ホンハブ………………46・**47**	ワタセジネズミ……………34
………9・11・13・**20〜21**		渡瀬線………………………13
ニホンカワウソ……………23	**ま**	
ニホンザル……9・11・13・**28〜29**	マーキング…………………21	

監修者紹介 今泉 忠明（いまいずみ ただあき）

1944年東京都に生まれる。東京水産大学（現・東京海洋大学）卒業、国立科学博物館で哺乳類の分類・生態を学ぶ。文部省（現・文部科学省）の国際生物計画（IBP）調査、日本列島総合調査、環境庁（現・環境省）のイリオモテヤマネコの生態調査等に参加。ほかにニホンカワウソの生態調査、エチゴモグラの分布調査、富士山青木ヶ原を中心に哺乳類を研究する。富士山の動物相の調査、北海道で世界最小の哺乳類の一つであるトガリネズミのフィールド調査を行うなどして、上野動物園で動物解説員を務めた。現在は千葉県の房総半島で外来種の生態を調べ、東京都の奥多摩で動物観察を行っている。「ねこの博物館」館長、日本動物科学研究所所長、富士山自然誌研究会会員。
主な著書に『アニマルトラック＆バードトラックハンドブック』（自由国民社）、『地球 絶滅動物記』（竹書房）、『進化を忘れた動物たち』（講談社）、『野生ネコの百科』（データハウス）、『イリオモテヤマネコの百科』（データハウス）、『絶滅野生動物の事典』（東京堂出版）、『世界珍獣図鑑』（人類文化社）、『猫 かわいいネコには謎がある』（講談社）、『猛毒動物 最恐50』（SBクリエイティブ）、『最新 ネコの心理』（ナツメ社）など多数。

構成・編集・執筆 株式会社 どりむ社

一般書籍や教育図書、絵本などの企画・編集・出版、作文通信教育『ブンブンどりむ』を行う。絵本『どのくま？』『ビズの女王さま』、単行本『楽勝！ ミラクル作文術』『いますぐ書けちゃう作文力』などを出版。『小学生のことわざ絵事典』『1年生の作文』『3・4年生の読解力』『小学生の「都道府県」学習事典』（以上、PHP研究所）などの単行本も編集・制作。

写真提供・協力者一覧（順不同・敬称略）

今泉忠明、山口喜盛、三重県総合博物館、尾園暁、島根県立三瓶自然館サヒメル、軽井沢 ピッキオ（野生のムササビウォッチング開催中）、よこはま動物園ズーラシア、八木山動物公園、吉田洋、海遊館、佐藤眞一、大分県、佐久間町、世界淡水魚園水族館アクア・トトぎふ、茶臼山動物園、宮崎県フェニックス自然動物園、川内村教育委員会、八幡平市教育委員会、栃木県なかがわ水遊園、神奈川県水産技術センター 内水面試験場、滋賀県、平澤文啓、西表野生生物保護センター、宮山修、おきなわカエル協会、熊井健、佐々木健志（琉球大学資料館・風樹館）、内田栄司、川辺純、石垣島フィールドガイド SeaBeans、木寺法子、伊藤亜玲、柳沼聡、千葉聡（東北大学）、PIXTA

主な参考資料・ホームページ（順不同）

●書籍：『動物大百科』（平凡社）、『日本の哺乳類』（東海大学出版会）、『週刊 日本の天然記念物』（小学館）、『小学館の図鑑NEO』シリーズ（小学館）、『日本の哺乳類』（学研）、『日本の野鳥』（学研）、『日本の淡水魚』（学研）、『原色 爬虫類・両生類 検索図鑑』（北隆館）、『日本のカメ・トカゲ・ヘビ』（山と渓谷社）、『トカゲ・ヘビ・カメ大図鑑』（PHP研究所）、『魅せる 日本の両生類・爬虫類』（緑書房）、『日本の昆虫1400』（文一総合出版）、『世界の絶滅危機動物大研究』（PHP研究所）、『日本の生物多様性』（平凡社）、『私たちにたいせつな生物多様性のはなし』（かんき出版）、『みんなでかんがえよう！ 生物多様性と地球環境』（岩崎書店）、『生物多様性の大研究』（PHP研究所）、『絶滅危惧の動物事典』（東京堂出版）、『マンガ 絶滅する日本の動物』（講談社）、『動物たちを考える本』（ニュートンプレス）、『進化を忘れた動物たち』（講談社）、『哺乳動物進化論』（ニュートンプレス）、『動物の世界』（新星出版社）、『イリオモテヤマネコの百科』（データハウス）、『イリオモテヤマネコ』（平凡社）、『世界絶滅危機動物』（学研）、『動物のくらし』（学研）、『オガサワラオオコウモリ 森をつくる』（小峰書店）、『生命の湖 琵琶湖をさぐる』（文一総合出版）、『鯰』（小坂書房）、『日本列島の誕生』（岩波書店）、『日本列島の自然史』（東海大学出版会）、『日本列島の大研究』（PHP研究所）、『琉球列島ものがたり』（ボーダーインク）、『理科年表』（丸善出版） など

●ホームページ：国際連合食糧農業機関（FAO）、気象庁、林野庁、森林・林業学習館、環境省、文化庁、国立環境研究所、公益財団法人 山階鳥類研究所、西表野生生物保護センター、東京ズーネット、東京都、千葉県立中央博物館、三重県総合博物館、宮城県、栃木県、愛知県、京都府、山口県、島根県、四万十市トンボ自然公園、公益社団法人 日本ナショナル・トラスト協会、鹿児島県、沖縄県、琉球大学資料館・風樹館、小笠原自然情報センター、進化の小宇宙：小笠原諸島のカタマイマイ など

その他、各種専門書・各専門機関のホームページを参考にさせていただきました。

日本にしかいない生き物図鑑
固有種の進化と生態がわかる！

2014年 11月10日　第1版第1刷発行
2022年 12月27日　第1版第8刷発行

監修	今泉 忠明
発行者	永田 貴之
発行所	株式会社 PHP研究所

東京本部 〒135-8137 江東区豊洲 5-6-52
　　　　児童書出版部 ☎03-3520-9635（編集）
　　　　普及部 ☎03-3520-9630（販売）
京都本部 〒601-8411 京都市南区西九条北ノ内町11
PHP INTERFACE　https://www.php.co.jp/

印刷所
製本所　図書印刷株式会社

©PHP Institute, Inc. 2014 Printed in Japan
ISBN978-4-569-78426-7

※本書の無断複製（コピー・スキャン・デジタル化等）は著作権法で認められた場合を除き、禁じられています。また、本書を代行業者等に依頼してスキャンやデジタル化することは、いかなる場合でも認められておりません。
※落丁・乱丁本の場合は弊社制作管理部（☎03-3520-9626）へご連絡下さい。送料弊社負担にてお取り替えいたします。

63P　29cm　NDC481

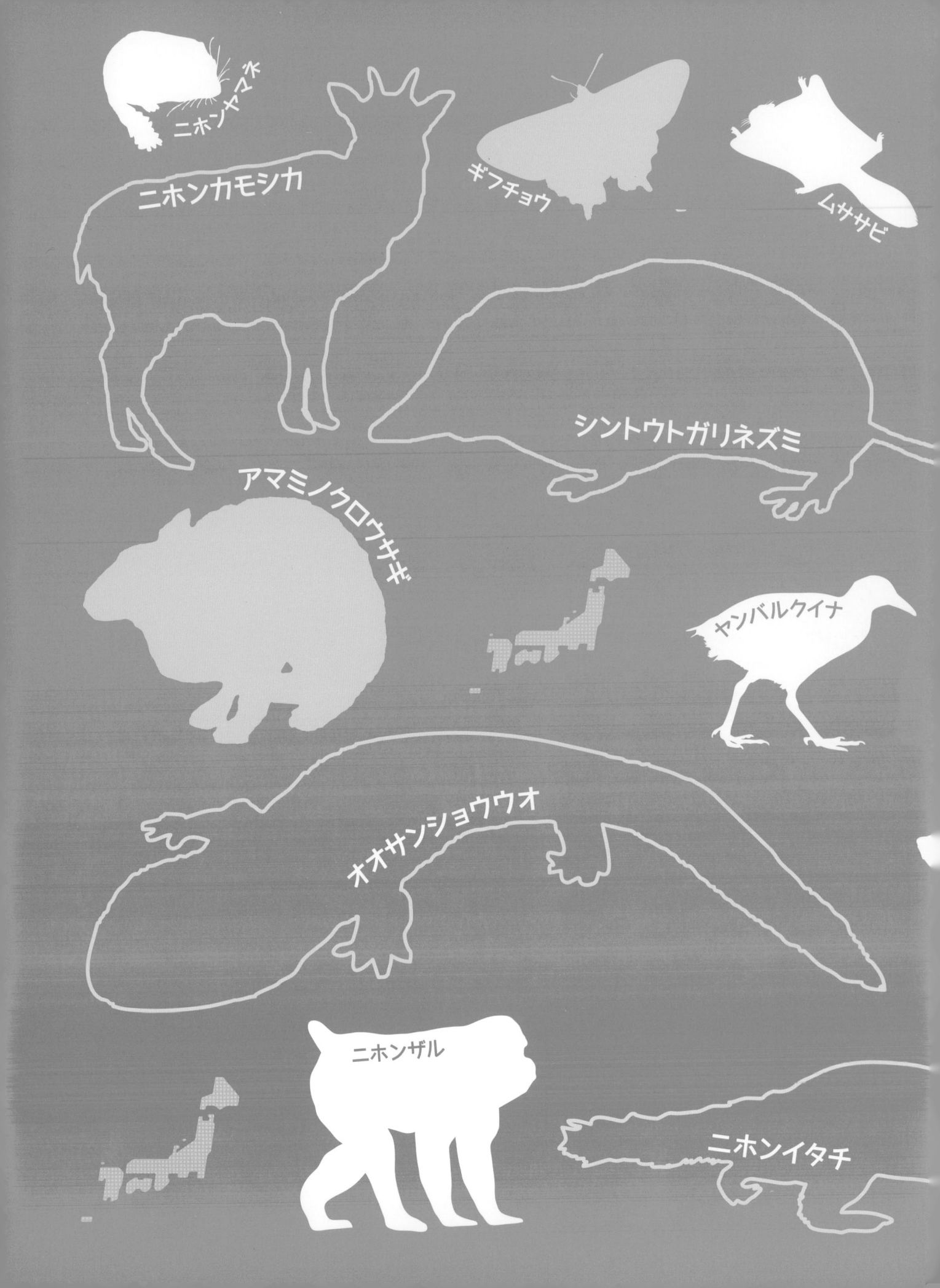

ニホンヤマネ
ニホンカモシカ
ギフチョウ
ムササビ
シントウトガリネズミ
アマミノクロウサギ
ヤンバルクイナ
オオサンショウウオ
ニホンザル
ニホンイタチ